DER
EINPHASEN-BAHNMOTOR

KRITIK UND ERSATZ
SEINES VEKTOR-DIAGRAMMS

VON

Dr.-Ing. KARL TÖFFLINGER

MIT 26 ABBILDUNGEN

MÜNCHEN UND BERLIN 1930
VERLAG VON R. OLDENBOURG

Druck von R. Oldenbourg in München und Berlin

Inhalt.

Literaturverzeichnis.

1. **Arnold**, Die Wechselstromtechnik V, Bd. 2, Berlin 1920.
2. **Bergthold**, Über die Einzelwellen des Magnetisierungsstromes, Elektrotechn. Zeitschr. 1928, S. 1847.
3. **Biermanns**, Magnetische Ausgleichsvorgänge in elektrischen Maschinen, Berlin 1919.
4. **Bulletin Oerlikon**, 1927, S. 317.
5. **Gerstmeyer**, Die Wechselstrombahnmotoren, München 1919.
6. **Heinrich**, Das Bürstenproblem im Elektromaschinenbau, München 1930.
7. **Keinath**, Die Technik der elektrischen Meßgeräte, München 1927.
8. **Krauß**, Kommutierungsversuche an Einphasen-Reihenschlußmotoren, Elektrotechn. Zeitschr. 1925, S. 1803.
9. **Monath**, Fachberichte von der 33. Jahresversammlung des Verbandes Deutscher Elektrotechniker, Berlin 1928, S. 111.
10. **Neukirchen**, Die Kommutatorbürste als Wackelkontakt, Elektrotechn. Zeitschr. 1929, S. 55.
11. **Niebler**, Messungen an 110-kV-Bahnstromfernleitungen, Elektr. Bahnen 1927, S. 295.
12. **Olliver**, The AC-Commutator Motor, London 1927.
13. **Rziha & Seidener**, Die Starkstromtechnik, Bd. 1, Berlin 1921.
14. **Töfflinger**, Der Gleichstrombahnmotor im Betrieb mit welliger Klemmenspannung, Bergmann-Mittlg. 1929, S. 262.
15. **Weber**, Zur Definition von „Scheinleistung", „Blindleistung" und „Leistungsfaktor", Elektrotechnik und Maschinenbau, 1929, S. 277.
16. **Wichert**, Die Leistungseigenschaften der Elektrolokomotiven, Zeitschr. d. V.D.I. 1922, S. 1080.

Zeichenerklärung.

Zeichen	Dimension	Erklärung
a	0	Anzahl der parallelen Ankerstromzweigpaare.
AS	A/cm	Strombelag des Ankers.
e_R	V	Momentane Reaktanzspannung.
f_R	Hz	Rotationsfrequenz des Ankers.
i	A	Momentanstrom.
I	A	Effektivstrom.
K_n	—	Konstante Werte.
l	cm	Breite des aktiven Ankereisens.
n	Umdr/min	Ankerdrehzahl.
p	0	Anzahl der Polpaare.
R	Ω	Ohmscher Widerstand.
t	sec	Zeit.
u	V	Momentane Klemmenspannung.
U	V	Effektive Klemmenspannung.
U_s	V	Effektive mittlere Segmentspannung.
v	m/sec	Ankerumfangsgeschwindigkeit.
w	0	Anzahl der in Reihe liegenden kommutierenden Ankerwindungen.
z	0	Anzahl der Ankerleiter.
z_K	0	Anzahl der Kommutatorsegmente.
Φ	Maxwell	Magnetischer Fluß je Pol.
ξ	—	Pichelmeyerscher Faktor.

Einleitung.

Von der großen Fülle der elektrischen Erscheinungen, die in einer elektrischen Maschine auftreten, kann man immer nur die wichtigsten rechnerisch erfassen, weil eine restlose Untersuchung sämtlicher Zusammenhänge schon bei sehr einfachen Anordnungen mindestens einen für die Praxis untragbaren Zeitaufwand bedingen würde. Die Genauigkeit des berechneten Ergebnisses hängt daher von dem Einfluß ab, den die Summe aller, bei der Berechnung vernachlässigten Erscheinungen auf das Verhalten der Maschine ausübt.

Um eine Maschine schnell und trotzdem zuverlässig berechnen zu können, muß man auf Grund der Erfahrung wissen, welche Erscheinungen vernachlässigt werden dürfen, und welche eine praktische Bedeutung besitzen. Solche Erfahrungen sind immer erst dann vorhanden, wenn eine große Anzahl von Maschinen ausgeführt, gemessen und in langem Betrieb beobachtet worden ist. Sie gestatten es, ein sogenanntes „Normales Berechnungsverfahren" festzulegen und mit Erfolg anzuwenden. Es entsteht jedoch die Gefahr, daß man sich an ein solches Verfahren gewöhnt und die ihm zugrunde liegenden Vernachlässigungen vergißt. Entwirft man nun eine Maschine, bei der irgendeine Größe außerhalb der gewohnten Grenzen liegt, so kann eine bei der üblichen Berechnung vernachlässigte Erscheinung solche Bedeutung gewinnen, daß sie einen merklichen Einfluß auf das Betriebsverhalten ausübt, und die Genauigkeit des benutzten Verfahrens nicht mehr den Anforderungen entspricht.

Die Weiterentwicklung elektrischer Maschinen erfolgt fast immer stetig und nur in Ausnahmefällen sprunghaft. Man kann daher in den meisten Fällen durch sorgfältiges Vergleichen der berechneten und der im Prüffeld sowie im Betrieb festgestellten Daten der Maschine noch rechtzeitig erkennen, ob das übliche Berechnungsverfahren auch weiterhin ausreicht, oder ob eine Abänderung für die Zukunft ratsam erscheint. Findet man nur an einer einzelnen Maschine wesentliche Abweichungen zwischen dem berechneten und dem tatsächlichen Verhalten, so können auch Fehler in der Herstellung oder im Meßverfahren vorliegen. Stellt man jedoch bei allen Maschinen einer Bauart immer wieder die gleichen oder wenigstens ähnliche Abweichungen fest, so ist Veranlassung gegeben, nach ihrer Ursache zu forschen und Wege zur besseren Berechnung zu suchen.

Läßt sich der Nachweis führen, daß eine beobachtete Abweichung bei allen jemals in Frage kommenden Bauarten noch innerhalb der zulässigen Grenzen liegen muß, so bleibt das alte Berechnungsverfahren noch brauchbar. Ebenso darf man es beibehalten, wenn es wirtschaftlich zulässig ist, reichlichere Sicherheitszuschläge zu geben, d. h. die Maschine größer und teurer zu bauen als es bei Verwendung eines völlig einwandfreien Berechnungsverfahrens möglich wäre. Dieser Fall stellt jedoch eine Ausnahme dar. Bei größeren Maschinen, und auch bei in Reihen hergestellten kleineren wird der Zeitaufwand für eine umfangreichere Berechnungsarbeit leicht wirtschaftlich zu rechtfertigen sein.

Über den Einphasen-Reihenschlußmotor und seine Berechnung liegen schon zahlreiche Veröffentlichungen vor. Die meisten stammen jedoch aus einer Zeit, in der noch keine umfangreichen Betriebserfahrungen vorlagen, denn auf den meisten europäischen Einphasen-Bahnnetzen wurden ja erst nach 1920 größere Reihen gleichartig gebauter Fahrzeuge in Dienst gestellt, die Gelegenheit boten, zuverlässige Betriebserfahrungen zu sammeln. Es erscheint deshalb angebracht, nachzuprüfen, ob die alten Anschauungen über die elektrischen Vorgänge im Einphasen-Reihenschlußmotor und die daraus abgeleiteten Berechnungsverfahren sich noch völlig im Einklang mit den heutigen Betriebserfahrungen befinden.

A. Abweichungen im Verhalten des Einphasen-Reihenschlußmotors gegenüber den berechneten Eigenschaften.

1. Die Schaltung des heutigen Einphasen-Reihenschlußmotors.

Trotz der fortschreitenden Verbreitung des Einphasen-Reihenschluß-motors in Elektrowerkzeugen und Haushaltungsmaschinen ist die elektrische Zugförderung sein wichtigstes Anwendungsgebiet geblieben. In den mit 25 Hz gespeisten Netzen verwendet man zwar für sehr große Lokomotiven auch Umformersätze, so daß die Fahrmotoren mit Gleich- oder Drehstrom arbeiten. In den kleineren Lokomotiven und Trieb-wagen, sowie in sämtlichen Fahrzeugen der europäischen Wechselstrom-vollbahnnetze, die mit $16\frac{2}{3}$ Hz betrieben werden, findet man jedoch heute fast ohne jede Ausnahme nur noch reine Reihenschlußmotoren als Fahrmotoren. Alle komplizierteren Bauarten des Einphasen-Kommu-tatormotors, die früher in den Veröffentlichungen eine so große Rolle spielten, sind fast restlos verschwunden. Man darf daher annehmen, daß von der Gesamt-Nennleistung aller in den letzten Jahren in Deutsch-land gebauten Einphasen-Reihenschlußmotoren rund 80...90% auf die Bahnmotoren für $16\frac{2}{3}$ Hz entfallen. Es erscheint also berechtigt, in den folgenden Ausführungen nur noch die Bahnmotoren für $16\frac{2}{3}$ Hz zu betrachten, zumal sich die bei diesen gewonnenen Ergebnisse auch ohne Schwierigkeit auf die anderen Bauarten des Einphasen-Reihen-schlußmotors sinngemäß übertragen lassen.

Im Einphasen-Reihenschlußmotor erregt der Anker bei der Rotation stets unerwünschte magnetische Wechselflüsse, die sich dem zum Ar-beiten der Maschine notwendigen Hauptfluß überlagern. Sie entstehen namentlich durch die Nuten, durch Ungleichmäßigkeiten des Ankers und Kommutators sowie durch exzentrische Lagerungen und Bohrungen. Während sie aber bei den Gleichstrommaschinen durch das massive Eisen des Ständers gedämpft werden, können sie sich im Einphasen-Reihenschlußmotor, dessen magnetischer Kreis vollständig aus Blechen zusammengesetzt ist, viel freier entwickeln. Der Einphasen-Reihen-schlußmotor ist daher von vornherein gegen alle Störungen durch Oberwellen empfindlicher als die Gleichstrommaschine[1]). Es kommt dazu, daß seine Kohlebürsten meistens schon durch andere Erscheinungen voll beansprucht sind, also eine weitere Steigerung der Belastung nicht aushalten ohne zu feuern.

---

[1]) Lit.-Verz. 8. — Lit.-Verz. 6, S. 126...127.

Den besten Schutz gegen Störungen durch Ausgleichströme höherer Frequenz und die von ihnen erregten Wechselflüsse bietet eine Schaltung, die überhaupt keine Möglichkeit zum Fließen unerwünschter Ausgleichströme gibt. Die planmäßige Verfolgung dieses Gesichtspunktes mußte schließlich zum reinen Reihenschlußmotor führen. Handelt es sich bei diesem um Leistungen von weniger als 500 kW, so kann man im Ständer sogar ganz ohne das Parallelschalten einzelner Wicklungszweige auskommen. Der Anker muß allerdings, abgesehen von den Leistungen unter rund 30 kW, stets gleich viele parallele Zweige erhalten wie Pole. Hier aber läßt sich durch eine zweckentsprechende Reihenschaltung der mit dem Anker magnetisch eng verketteten Kompensationswicklung und durch die Ausgleichverbinder ein ausreichender Schutz gegen alle unerwünschten Ausgleichströme und Wechselflüsse schaffen.

So unterscheidet sich der heutige Einphasen-Reihenschlußmotor praktisch von der Gleichstrommaschine nur noch durch das aus Blechen zusammengesetzte aktive Statoreisen und die fast stets vorhandene Kompensationswicklung. Danach sollte man annehmen, daß bei beiden Maschinenarten immer eine gleich gute Übereinstimmung zwischen den berechneten und den im Betrieb oder im Prüffeld nachgewiesenen Eigenschaften erreicht werden könnte.

Das ist jedoch nicht der Fall. Man bemerkt gerade beim Einphasen-Reihenschlußmotor eine größere Anzahl von Abweichungen gegenüber den berechneten Werten, die sich bei fast allen Maschinen in ähnlicher Weise wiederholen, während sie beim Gleichstrommotor nicht auftreten. Wenn sie auch nicht durchweg eine Verschlechterung der Maschine darstellen, so zeigen sie doch, daß man bei der Berechnung Vorgänge vernachlässigt hat, die auf die Betriebseigenschaften einen bereits merklichen Einfluß ausüben. Es besteht daher die Gefahr, daß irgendeine dieser Erscheinungen bei einem Neuentwurf zu empfindlichen Störungen Anlaß gibt, falls es nicht gelingt, sie in die Berechnung einzubeziehen.

Deshalb soll in den folgenden Ausführungen versucht werden, die Ursachen der beobachteten Erscheinungen bzw. Abweichungen zu erkennen und sie, soweit möglich, der Berechnung zugänglich zu machen. Hierzu sind zunächst die Abweichungen selbst zu beschreiben.

2. Die Stromwendung.

Von den Maßnahmen, welche man beim Gleichstrom-Reihenschlußmotor zu treffen pflegt, um eine gute Stromwendung zu erreichen, sind viele beim Wechselstrom-Reihenschlußmotor nur schwierig, oft gar nicht durchzuführen[1]. Dazu kommt die erwähnte Neigung der Maschine

[1] Lit.-Verz. 6. S. 125.

zur Entwicklung von Oberwellen, die ebenfalls unheilvoll auf die Funkenbildung wirkt, und schließlich die allen Wechselstrom-Kommutator-
maschinen eigentümliche Transformatorspannung, welche durch die
Änderung des Hauptflusses in den kommutierenden Windungen induziert
wird. Die verbreitete Meinung, daß die rechnerische Beherrschung der
Stromwendung des Einphasen-Reihenschlußmotors besonders schwierig
sei, entbehrt also nicht der Begründung.

Von den vielen Schaltungen, welche man zur Aufhebung oder Verringerung der Transformatorspannung entwickelt hat, ist heute nur
noch die vielfach als „Oerlikon-Schaltung" bezeichnete Anordnung
verbreitet. Sie beruht darauf, daß man parallel zur Wendepolwicklung
einen induktionslosen Widerstand legt, so daß die Phase des Wendeflusses der des Hauptflusses nacheilt. Die mit Hauptfluß und Strom
gleichphasige Komponente des Wendeflusses dient zur Verringerung der
Reaktanzspannungen, die andere, gegen den Hauptfluß um 90⁰ nach-
eilende, zum Ausgleich der Transformatorspannung. Da die heute für
Einphasen-Reihenschlußmotoren benutzten Kohlebürsten ein großes
Arbeitsvermögen besitzen, ist es nicht notwendig, alle Reaktanz- und
Transformatorspannungen ganz restlos aufzuheben, weil geringe Restspannungen in den kommutierenden Windungen noch keine unzulässige
Funkenbildung ergeben. Die Größe der Transformatorspannung errechnet sich sehr einfach aus dem magnetischen Fluß und der Windungszahl der kommutierenden Spule; daher dürfte auch die Berechnung des
günstigsten Parallelwiderstandes eine leichte Aufgabe sein.

Die Erfahrung zeigt jedoch, daß die beste Stromwendung meistens
mit ganz anderen Parallelwiderständen erreicht wird, als man nach der
Berechnung erwartete. Es ist daher üblich geworden, erst im Prüffeld
auf Grund besonderer Verfahren, wie es z. B. Krauß beschreibt, den
günstigsten Parallelwiderstand zu ermitteln[1]. Bei solchen Versuchen
beobachtet man eine Fülle von Erscheinungen, die nach den üblichen
Berechnungsmethoden nicht zu erwarten waren. Bei der stillstehenden
oder ganz langsam laufenden Maschine kann z. B. der Wendefluß überhaupt noch keine wesentlichen Spannungen in den kommutierenden
Windungen induzieren, also auch die Transformatorspannung noch nicht
verringern. Im Gegensatz dazu findet man aber, daß bei vielen Motoren
auch während des Anlaufvorganges das Spritzen der Kohlebürsten durch
den Parallelwiderstand wesentlich gedämpft oder sogar beseitigt wird.

Theoretisch kann man durch einen solchen Parallelwiderstand die
Transformatorspannung immer nur für eine einzige Drehzahl vollkommen
ausgleichen. Errechnet man die Transformatorspannungsreste, welche
bei den übrigen Drehzahlen noch unausgeglichen bleiben, und trägt diese
als Kurve in Abhängigkeit von der Ankerdrehzahl auf[2], so erhält man

[1] Lit.-Verz. 8.
[2] Lit.-Verz. 13. Abb. 167, S. 317.

eine Linie, die bei der Drehzahl Null die volle Transformatorspannung angibt, dann geradlinig abfällt, die Nullinie erreicht, und von dort wiederum geradlinig ansteigt. Versucht man, dieses sehr bekannte Diagramm im Prüffeld nachzumessen, so findet man Kurven, die von der erwarteten Form stark abweichen. An Stelle des scharf ausgeprägten Minimums ergibt sich oft eine fast horizontal verlaufende Linie, die nur wenig gekrümmt ist, und deren Minimum bei anderer, vielfach höherer, Drehzahl liegt, als zu erwarten war.

Wenn sich die Wirkung des Parallelwiderstandes allein auf den Ausgleich der vom Hauptfluß induzierten Transformatorspannungen beschränken würde, so wäre seine heutige große Verbreitung nicht recht zu erklären, denn man pflegt ja die Fahrzeugmotoren nur noch für effektive Transformatorspannungen von rund 3 V zu bauen. Diese Spannung kann aber von den im Gebrauch befindlichen Kohlebürsten noch ohne Feuern bewältigt werden, wenn die sogenannte Gleichstromkommutierung des Motors einwandfrei ist. Es ist also offenbar in viel weiteren Kreisen, als sich nach den vorhandenen Veröffentlichungen vermuten läßt, bekannt, daß der Parallelwiderstand noch eine Reihe anderer, und zwar günstiger Einflüsse auf die Stromwendung ausübt, die bei vielen Maschinen bereits wichtiger geworden sein müssen als die Aufhebung der vom Hauptfluß induzierten Transformatorspannung.

Vor allem ergibt der Parallelwiderstand eine kräftige Dämpfung der Oberwellen des Wendeflusses[1]), die ja für die Stromwendung von höchster Bedeutung ist, denn man pflegt selbst bei Gleichstrom-Bahnmotoren, die doch in ihrem massiven Statoreisen bereits eine natürliche Dämpfung besitzen und außerdem viel weniger zur Ausbildung derartiger Oberwellen neigen, einen gutleitenden Kurzschlußring um den Wendepol zu legen[2]). Daß schon Parallelwiderstände von verhältnismäßig hohem Widerstand die Oberwellen wirkungsvoll unterdrücken können, ist bekannt und rechnerisch leicht zu verfolgen[3]).

Auch die Oberwellen des Hauptflusses erregen in der gleichen Weise wie seine Grundwelle Transformatorspannungen. Bei größeren Bahnmotoren liegt die Nutenfrequenz meistens für die wichtigsten Drehzahlen noch höher als 1000 Hz. Wenn die Amplitude der durch die Nuten erzeugten Hauptflußoberwelle nur 2% der Grundwellenamplitude beträgt, so ergibt sie bereits eine Transformatorspannung, die $0{,}02\,\dfrac{1000}{16{,}67} = 1{,}2$ mal so groß ist, wie die vom sinusförmig angenommenen Hauptfluß erregte. Die Oberwellen des Hauptflusses können also infolge ihrer hohen Frequenz einen ganz verheerenden Einfluß auf die Stromwendung ausüben, zumal sie hier nicht, wie beim Gleichstrom-

[1]) Lit.-Verz. 6. S. 126.
[2]) Lit.-Verz. 6. S. 114.
[3]) Lit.-Verz. 14, S. 267. Abschnitt E.

Reihenschlußmotor, durch massives Eisen gedämpft werden. Eine Dämpfung ist wiederum nur durch die bereits erwähnten Parallelwiderstände, welche hier der Erregerwicklung parallel zu schalten sind, möglich. Sehr wirksam könnte auch das Parallelschalten von Kapazitäten werden, falls solche in einer für den vorliegenden Zweck brauchbaren Form zu annehmbarem Preise erhältlich sind.

Enthält der Strom eine Oberwelle gleicher Frequenz wie der Hauptfluß, so muß diese auch im Wendefluß auftreten. Es wäre also denkbar, daß die Wendeflußoberwelle in der kommutierenden Windung eine Spannung induziert, welche gerade die Transformatorspannung der gleichen Frequenz aufhebt. Hierzu besitzt jedoch die Oberwelle des Wendeflusses weder die erforderliche Größenordnung noch Phasenlage. Es ist daher keine Verschlechterung der Stromwendung, sondern nur eine Verbesserung zu erwarten, wenn man durch den Parallelwiderstand zur Wendepolwicklung alle Wendeflußoberwellen abdämpft.

Berechnet man die Größe der Transformatorspannung in Abhängigkeit vom Motorstrom, so findet man eine Linie, die entsprechend der Magnetisierungskurve der Maschine mit zunehmendem Strom immer langsamer, und nach erreichter Eisensättigung überhaupt nicht mehr wesentlich ansteigt. Danach wäre anzunehmen, daß auch bei schweren Überlastungen die Maschine nicht viel mehr als im gewöhnlichen Betrieb feuert, selbst wenn man berücksichtigt, daß die Stärke der Funken durchaus nicht den sie hervorrufenden Kommutierungsspannungen proportional ist. Man beobachtet jedoch bei allen Einphasen-Reihenschlußmotoren, daß das Feuern, wenn es infolge Überlastung erst einmal eingesetzt hat, mit steigendem Strom sich nicht etwa langsam, sondern sogar so schnell verstärkt, daß es bei manchen Motoren einen Betrieb mit doppeltem Stundenstrom auch für ganz geringe Belastungsdauer unmöglich macht, selbst wenn die Drehzahl noch so niedrig liegt, daß die Reaktanzspannung der kommutierenden Windung keine Rolle spielt.

3. Die Drehzahl.

Schon beim Gleichstrom-Reihenschlußmotor läßt sich die Drehzahl als Funktion des Stromes nicht besonders genau berechnen, wie die verhältnismäßig großen Toleranzen zeigen, welche der Verband Deutscher Elektrotechniker in seinen Regeln zuläßt. Der Grund hierfür ist aber weniger eine Unvollkommenheit des Berechnungsverfahrens, als vielmehr die Schwierigkeit, das Stahlgußgehäuse in wirtschaftlicher Weise so herzustellen, daß seine magnetische Leitfähigkeit den vorgeschriebenen Wert genau einhält.

Der Ständer des Einphasen-Reihenschlußmotors ist jedoch aus einer bestimmten Anzahl von Blechen zusammengesetzt, deren magnetische Eigenschaften nur kleinen Schwankungen unterworfen sind. Liegen also nicht gerade grobe Herstellungsfehler vor, so müßte ein solcher Motor die vorausberechneten Werte für magnetischen Fluß und Drehzahl gut einhalten. Das bestätigt sich auch, wenn man die Maschine mit Gleichstrom betreibt. Wenn man sie jedoch an das Wechselstromnetz legt, so findet man meistens einen etwas steileren, Verlauf der Drehzahlkennlinien, als man für diesen Betriebsfall errechnete. Der Unterschied ist zwar im allgemeinen nicht groß, fällt aber bei sorgfältiger Messung doch immer wieder auf. Wahrscheinlich hat ihn schon Arnold bemerkt, wie aus zwei Abbildungen seines Werkes hervorzugehen scheint[1]). Hier werden zwei Maschinen einer veralteten Schaltungsart beschrieben und nur angenähert nachgerechnet, trotzdem aber zeigt gerade die letztere der beiden Abbildungen besonders gut kennzeichnend die erwähnte Abweichung.

Im Bahnbetrieb spielt das genaue Einhalten bestimmter Drehzahlen keine besonders wichtige Rolle, denn die Fahrleitungsspannung ist meistens so starken Schwankungen unterworfen, daß doch die Fahrmotoren einen gewissen Geschwindigkeitsrückhalt besitzen müssen. Es ist nur wichtig, daß die Kennlinien aller in einem Zuge laufenden Fahrmotoren soweit miteinander übereinstimmen, daß Überlastungen einzelner Maschinen ausgeschlossen sind. Diese Gefahr wird aber um so geringer, je steiler die Kennlinien verlaufen. Ferner gestattet ein steilerer Kennlinienabfall, die Anzahl der notwendigen Fahrstufen zu verringern, also die Steuerung zu vereinfachen. Er stellt also eher eine Verbesserung als eine Verschlechterung des Bahnmotors dar.

4. Der Wirkungsgrad.

Wenn sich namentlich an älteren Motoren öfters ein schlechterer Wirkungsgrad herausstellte, als man nach der Berechnung erwartete, so bildeten die Ursache oft die zusätzlichen Kupferverluste, welche bei den großen Stromstärken des Einphasen-Reihenschlußmotors trotz der niedrigen Netzfrequenz immer beachtet werden müssen und zu sorgfältiger Unterteilung der großen Kupferquerschnitte zwingen. Ist diese aber durchgeführt, wie es heute bereits selbstverständlich erscheint, und sorgt man durch einen ausreichend großen Luftspalt sowie durch geschickte Wahl der Nutenverteilung in Anker und Ständer dafür, daß die Nutenoberwellen genügend unterdrückt werden, so pflegt auch der gemessene Wirkungsgrad gut mit dem berechneten übereinzustimmen.

5. Das Rundfeuer.

Man begegnet auch heute noch nicht selten der Meinung, jeder Einphasen-Reihenschlußmotor müsse mehr als etwa eine gewöhnliche Gleichstrommaschine zum Rundfeuer neigen. Obwohl Rundfeuer gar nichts mit der Stromwendung zu tun hat, denn es kann auch bei vorzüg-

[1]) Lit.-Verz. 1. Abb. 346 und 347.

lich kommutierenden Maschinen auftreten, wird der Begriff „Kommu-
tierungsgrenze"[1]) oft falsch verstanden und für denjenigen Betriebszustand benutzt, in dem die Rundfeuergrenze erreicht wird.

Die Rundfeuersicherheit ist für die Brauchbarkeit eines Bahnmotors
von besonderer Bedeutung, denn ein zum Rundfeuer neigender Motor
darf nicht so rücksichtslos geschaltet werden, wie es der Bahnbetrieb
erfordert. Merkwürdigerweise sind diese Zusammenhänge in den meisten
Veröffentlichungen nicht so sehr in den Vordergrund getreten, wie es
ihrer Bedeutung entspricht. Deshalb sollen sie hier, auch im Hinblick
auf die folgenden Erörterungen, nochmals kurz zusammengestellt werden.

Im technischen Einphasen-Reihenschlußmotor wird bei hoher
Klemmenspannung diese der vom Hauptfluß im Anker induzierten
Rotationsspannung nahezu gleich, wenigstens bei den kleineren Strom-
stärken. Es ist also:

$$U = \frac{\Phi n z p}{60 \sqrt{2} \cdot 10^8 \cdot a} \qquad \dots \dots \dots \quad 1)$$

Die mittlere Segmentspannung wird daher:

$$U_s = \frac{U \cdot 2 p}{z_K} = \frac{2 \Phi n z p^2}{60 \sqrt{2} \cdot 10^8 \cdot a z_K} \qquad \dots \dots \quad 2)$$

Abgesehen von den großen Motoren der Bergmann-Elektrizitäts-
werke werden alle größeren Maschinen mit $p = a$ und $z = 2 z_K$ gebaut.
Daher entsteht aus Gl. 2):

$$U_s = \frac{4 \Phi n p}{60 \sqrt{2} \cdot 10^8} \qquad \dots \dots \dots \quad 3)$$

Führt man nun noch die Drehfrequenz des Ankereisens in die
Rechnung ein, so entsteht aus Gl. 3):

$$U_s = 2 \sqrt{2} \cdot 10^{-8} \cdot \Phi \cdot f_R \qquad \dots \dots \dots \quad 4)$$

Wegen der Transformatorspannung ist Φ bekanntlich begrenzt, und
zwar geht man heute meistens auf etwa 4,0 MMaxwell für den Stunden-
betrieb. Bei den Motoren mit Widerstandsverbindern dagegen wäre
theoretisch noch nahezu der doppelte Wert, nämlich 8,0 MMaxwell,
ausführbar. Die Drehfrequenz ist durch die Höhe der Eisenverluste
begrenzt. Man bleibt heute mehr oder weniger weit unter 120 Hz[2]).
So lassen sich nach Gl. 4) folgende obere Grenzwerte für die mittlere
Segmentspannung angeben:

Normale Motoren: 13,5 V.

Motoren mit Widerstandsverbindern: 27,0 V.

Vergleicht man zunächst einmal diese Zahlen mit den bei guten
Gleichstrombahnmotoren ausgeführten Werten ($u_s = 17$), so erscheint

[1]) Lit.-Verz. 16.
[2]) Lit.-Verz. 9.

der normale Einphasen-Reihenschlußmotor sehr sicher. Ein solcher Vergleich ist jedoch nicht ohne weiteres statthaft, denn der Gleichstrommotor besitzt keine Kompensationswicklung, hat einen kleineren Polbogen und hat, wenigstens im normalen Betrieb, keine Transformatorspannung. Schließlich ist die Gleichspannung infolge der hohen Drehzahlen der heutigen Maschinen nicht dem Effektiv-, sondern viel eher dem Maximalwert der Wechselspannungen gleichzusetzen. Tut man dieses, so rechnet man zwar beim Wechselstrommotor mit einer etwas größeren Sicherheit, aber diese ist wegen seiner stärkeren Neigung zu Nutenoberschwingungen u. dgl., die hier ebenfalls eine Rolle spielen, berechtigt.

Zwischen denjenigen Kommutatorsegmenten des Einphasen-Reihenschlußmotors, welche an die gerade unter Polbogenmitte liegenden Ankerstäbe angeschlossen sind, wird keine Transformatorspannung induziert. Dagegen entsteht die volle Transformatorspannung in der in Stromwendung begriffenen Windung, und zwar beträgt ihr Effektivwert bei einem maximalen Hauptpolfluß von 4,0 MMaxwell 2,94 V. Nimmt man an, daß unter allen Punkten der Polfläche im Luftspalt gleiche Kraftliniendichte herrscht, so muß auch in derjenigen Ankerwindung, deren Leiter gerade unter den Polenden liegen, eine Transformatorspannung von 2,94 V induziert werden.

Ist die Kraftliniendichte über die ganze Polfläche hinweg gleichmäßig verteilt, so wird auch in allen unter dem Polbogen liegenden Ankerstäben die gleiche Rotationsspannung induziert. Beträgt die Breite des Polbogens 75% der Polteilung, so ist die Rotationsspannung, zwischen benachbarten Kommutatorsegmenten gemessen, für den oben betrachteten, normalen Einphasen-Reihenschlußmotor 13,5 : 0,75 = 18,0 V, und die höchste Segmentspannung, welche überhaupt auf dem Kommutator auftreten kann, ergibt sich zwischen denjenigen Kommutatorsegmenten, welche an die gerade unter den Polkanten liegenden Ankerstäbe angeschlossen sind, als die geometrische Summe von Rotations- und Transformatorspannung zu $\sqrt{18^2 + 2,94^2} = 18,25$ V effektiv oder 25,8 V maximal.

Gleichstrombahnmotoren vertragen auch bei betriebsmäßigem Zustand des Kommutators erfahrungsgemäß noch 35 V einwandfrei als höchste Segmentspannung. Für den gewöhnlichen Einphasen-Reihenschlußmotor sollte man danach jede Rundfeuergefahr für ausgeschlossen erachten.

Führt man die gleiche Rechnung für einen mit Widerstandsverbindern versehenen Motor, dessen Hauptfluß 8,0 MMaxwell beträgt, durch, so erhält man als maximale Segmentspannung den doppelten Wert, nämlich 51,6 V. Dieser ist selbstverständlich für den praktischen Bahnbetrieb viel zu hoch. Nur in neuem Zustande ist der Kommutator eines Bahnmotors solchen Werten gewachsen. Deshalb bleibt bei den Motoren mit Widerstandsverbindern nichts übrig, als entweder auf einen Teil der durch diese Bauart erstrebten Vorteile zu verzichten, oder die Rotationsfrequenz des Motors niedriger zu halten. Wenn man also bei Widerstandsverbindermotoren Wert auf gute Ausnutzung von Raum und Gewicht legt, so wird man immer näher an der Rundfeuergrenze arbeiten müssen als bei normalen Maschinen. Diese Erkenntnis hat zweifellos viel zur Verdrängung des Widerstandsverbindermotors aus dem Bahngebiet beigetragen.

Wenn die Erfahrung lehrt, daß nicht alle Motoren die diesen Überlegungen entsprechende Rundfeuersicherheit besitzen, so lassen sich einige Gründe dafür leicht angeben: Wie schon erwähnt wurde, können die Oberwellen des Hauptflusses große Transformatorspannungen erregen, die eine weitere Vergrößerung der maximalen Segmentspannung ergeben[1]). Ferner entstehen beim Schalten des Motors plötzliche Flußänderungen, die ebenfalls hohe Transformatorspannungen induzieren. Deshalb tritt bei einem Motor, der zum Rundfeuer neigt, der Überschlag namentlich beim Einschalten einer neuen Fahrstufe auf. Man prüft daher Motoren, von deren Rundfeuersicherheit man sich überzeugen will, durch mehrfaches schnelles Aus- und Einschalten[2]).

6. Die Kurzschlußströme.

Die Transformatorspannung treibt durch die in Stromwendung befindlichen Windungen der Ankerwicklung Ströme, die den Hauptpolfluß schwächen und seine Phase gegen die des Stromes verschieben. Diese Kurzschlußströme sind bei der stillstehenden oder ganz langsam laufenden Maschine besonders groß, verringern wesentlich das Drehmoment und machen sich auch äußerlich durch mehr oder weniger starkes, meistens von heftigem Geräusch begleitetes Vibrieren, das sog. Rütteln, bemerkbar. Mit zunehmender Drehzahl nimmt die Erscheinung schnell ab und ist dann bei guten Motoren kaum mehr festzustellen.

Wenn man die Feldamperewindungen eines Motors verstärkt, z. B. durch Umschalten der Feldwicklung oder durch Bürstenverschieben, so beobachtet man oft eine starke Zunahme der Kurzschlußströme, wie sich aus dem vermehrten Rütteln erkennen läßt. Nun wäre zu erwarten, daß der vom stillstehenden Motor aufgenommene Strom kleiner als vorher wird, da ja infolge des größeren Hauptpolflusses und der größeren Windungszahl der Feldwicklung der induktive Widerstand des ganzen Motors zugenommen haben muß. Das ist jedoch oft nicht der Fall. Man beobachtet im Gegenteil, daß der aufgenommene Strom mitunter größer, gleichzeitig aber das Drehmoment trotzdem wesentlich kleiner geworden

---

[1]) Etwa dieselben Erscheinungen spielen oft auch beim Gleichstrommotor eine Rolle. Sie sind in Lit.-Verz. 14, S. 264 behandelt.
[2]) Lit.-Verz. 4.

ist als vorher. An Kleinmotoren, die eine starke Erregerwicklung besitzen, kann man diese Erscheinung oft sehr gut beobachten. Sie zeigt, in wie hohem Maße die Kurzschlußströme das Drehmoment verringern, und lehrt außerdem, daß die Kurzschlußströme nicht etwa einfach proportional der Transformatorspannung, d. h. dem Hauptpolfluß gesetzt werden dürfen, sondern viel schneller als diese zunehmen. Der stark negative Temperaturkoeffizient des Ohmschen Übergangswiderstandes an den Kohlen mag zur Verstärkung dieser Erscheinung beitragen.

Maschinen mit sehr kleinem oder unregelmäßigem Luftspalt neigen erfahrungsgemäß besonders stark zum Rütteln. Dieser Zusammenhang ist heute so bekannt, daß man im Betrieb oft schon an der Stärke des Rüttelns erkennt, ob der Motor in Ordnung ist, oder ob etwa der Luftspalt, der Bürstenapparat od. dgl. sich verzogen hat und der Nachstellung bedarf.

Stark rüttelnde Maschinen können die nötige Anfahrzugkraft erst mit hohen Stromstärken erreichen. Solche Motoren erwärmen sich also unnötig stark und leiden auch mechanisch durch das Vibrieren. Es wäre daher sehr wertvoll, wenn man die Kurzschlußströme berechnen könnte. Hierzu müßte man alle in der kommutierenden Windung auftretenden Spannungen und Ohmschen sowie induktiven Widerstände kennen.

Von den Spannungen dürfte die Transformatorspannung die wichtigste sein. Ihre Grundwelle ist leicht zu ermitteln, aber die Berechnung ihrer vielen großen Oberwellen dürfte schwierig werden. Die Reaktanzspannungen kommen bei den niedrigen Drehzahlen, bei denen die Kurzschlußströme eine Rolle spielen, noch nicht in Betracht.

Von den Widerständen der kommutierenden Windung ist der Größenordnung nach maßgebend derjenige zwischen Kommutatoroberfläche und Kohlebürste. Er ist eine Funktion von Bürstensorte, Stromdichte, Temperatur, spezifischem Anpressungsdruck und Kommutatorumfangsgeschwindigkeit. Keine dieser Größen, außer der letzten, ist aber räumlich oder zeitlich über die ganze Bürstenschleiffläche hinweg konstant. Die Temperatur ist nicht nur eine Funktion des bestehenden, sondern auch des vorangegangenen Belastungszustandes. Der spezifische Anpressungsdruck ist von den Unregelmäßigkeiten der Kommutatoroberfläche und den Eigenschaften des Bürstenhalters abhängig[1]). Die Verteilung der Stromdichten auf der Kohlenschleiffläche ist wiederum eine Funktion von dem an jedem Punkte bestehenden spezifischen Widerstande und der dort herrschenden Spannung. Wie außerordentlich verwickelt diese Zusammenhänge liegen, erkennt man am besten an Oszillogrammen von derartigen Stromwendungsvorgängen, die schon bei den einfacheren Verhältnissen der Gleichstrommaschine ganz komplizierte Formen zeigen[2]).

[1]) Lit.-Verz. 10.
[2]) Lit.-Verz. 6, Abb. 20, 21, 68, 82, 83.

Beim induktiven Widerstand der Windung ist zu berücksichtigen, daß er sich mit zunehmender Drehzahl scheinbar erhöht.

Die innige Verkettung so zahlreicher Erscheinungen, von denen viele nicht einmal für sich selbst eine befriedigende rechnerische Lösung gefunden haben, gibt wenig Aussicht, daß eine sichere Vorausberechnung der Kurzschlußströme durchgeführt werden kann. Eine Vereinfachung des Problems kann nicht zum Ziel führen, weil fast jede der hier erwähnten Erscheinungen von zu großem Einfluß auf das Endergebnis ist. Man muß also von Erfahrungswerten und Schätzungen Gebrauch machen.

Schon Arnold behandelt diese Frage, zählt aber von den zu berücksichtigenden Größen nur wenige auf. Trotzdem kommt er zu dem Schluß, daß eine Vorausberechnung der Kurzschlußströme unmöglich ist[1]). In dem gleichen Werk wird allerdings an anderer Stelle eine ähnliche Berechnung versucht[2]).

7. Die zeitlichen Kurvenformen.

Es wurde bereits angedeutet, einen wie großen Einfluß die Oberwellen des Stromes oder des magnetischen Flusses auf das Verhalten des Einphasen-Reihenschlußmotors ausüben können, aber bisher noch nicht erwähnt, daß auch bei einem Motor, der die denkbar günstigste Nutenverteilung besitzt und äußerst genau hergestellt ist, noch höhere Harmonische im zeitlichen Verlauf der einzelnen elektrischen und magnetischen Größen vorhanden sein können: Es ist nämlich bekannt, daß der zeitliche Verlauf des Stromes stets eine spitzere, der des magnetischen Hauptflusses eine stumpfere Kurve bildet als die Sinuslinie, sobald die magnetische Beanspruchung der Maschine über das Knie der Magnetisierungskurve hinausgeht[3]). Diese Abweichungen gelten aber als unbedeutend, so daß man sie vielfach vernachlässigt und bei der Berechnung trotzdem einen zeitlich sinusförmigen Verlauf aller Größen voraussetzt, nicht am wenigsten zu dem Zweck, um die bekannten Vektordiagramme, symbolischen Berechnungsmethoden u. dgl. benutzen zu können und sich dadurch die Arbeit zu erleichtern. Ob man zu dieser Vernachlässigung berechtigt ist, muß sich zunächst wenigstens angenähert an Hand aufgenommener Oszillogramme beurteilen lassen.

Die Abb. 1 und 2 zeigen die zeitlichen Stromkurven eines kleinen vierpoligen Motors von 11 kW, 200 V, 70 A, und zwar wurde Abb. 1 bei 50, Abb. 2 bei 106 A aufgenommen. Da bei den kleinen Strömen unter etwa 40 A noch eine gute Sinusform vorhanden ist, zeigen die Oszillogramme, wie die Stromkurve mit zunehmendem Strom zunächst einem

[1]) Lit.-Verz. 1, S. 317.
[2]) Lit.-Verz. 1, S. 341.
[3]) Lit.-Verz. 1, S. 314. — Lit.-Verz. 5, S. 44.

Dreieck ähnlich wird, und sich dann so ausbildet, daß die Nullinie stets unter auffallend flachem Winkel geschnitten wird (vgl. Abb. 2). So entstehen in der Nähe der Nullinie Wendepunkte, die der Sinuslinie ganz wesensfremd sind. Ferner bildet sich eine Unsymmetrie aus: Der ansteigende Kurvenast verläuft flacher als der abfallende, so daß der Maximalwert zeitlich nicht genau in der Mitte zwischen zwei Nulldurchgängen, sondern später erfolgt.

Die Abb. 3 stellt die Stromkurve eines sehr großen, 36 poligen Motors dar, dessen Stundenstrom etwa 9000 A beträgt. Das Oszillogramm ist bei etwa 10 500 A aufgenommen, und ähnelt trotz des großen Unterschiedes in der Größe und Bauart der beiden Motoren durchaus dem in Abb. 2 dargestellten.

Auch die Abb. 4 zeigt einen ähnlichen Verlauf. Dieses Oszillogramm wurde bei 1110 A an einem Motor aufgenommen, der 423 kW Stundenleistung und 1950 A Stundenstrom hat.

Veröffentlichungen von oszillographierten Stromkurven des Einphasen-Reihenschlußmotors sind leider nur selten erfolgt. Hier sei nur auf eine hingewiesen, die an einem mit Widerstandsverbindern ausgerüsteten Motor aufgenommen wurde[1]) und in ihrer Form ebenfalls den hier gezeigten Kurven entspricht. Man kann daher die Form der Stromkurve etwa wie folgt beschreiben:

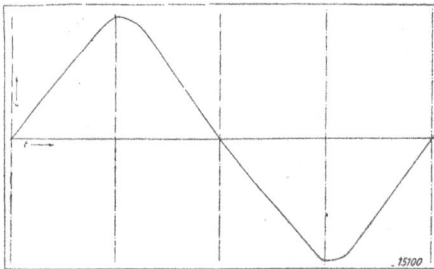

Abb. 1. Oszillographierte Stromkurve eines Motors von 11 kW, 200 V, 70 A. Aufgenommen bei 50 A.

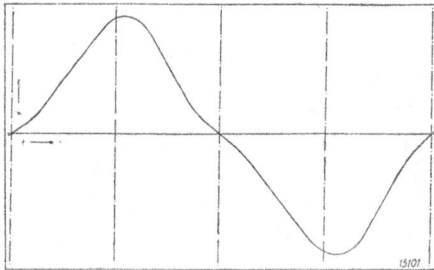

Abb. 2. Oszillographierte Stromkurve eines Motors von 11 kW, 200 V, 70 A. Aufgenommen bei 106 A.

1. Sie verläuft spitzer als die Sinuslinie, d. h. ihr Maximalwert ist größer als der einer Sinuslinie von gleichem Effektivwert, und ihr Scheitelwert also größer als Eins.

2. Ihr Maximalwert liegt nicht in der zeitlichen Mitte zwischen zwei benachbarten Nulldurchgängen, sondern erfolgt etwa 5...15 elektrische Grade später. Der ansteigende Kurvenast ist daher nicht so steil wie der abfallende, und die Kurve wird unsymmetrisch.

3. Im Gegensatz zur Sinuslinie hat die Stromkurve den steilsten Anstieg bzw. Abfall nicht an den Schnittpunkten mit der Nullinie. Sie besitzt daher zwei Wendepunkte je Halbwelle, die bei etwa den gleichen

1) Lit.-Verz. 12, S. 204.

Momentanstromstärken liegen, und zwar je einen im aufsteigenden und einen im abfallenden Ast.

4. Die Stromkurve ähnelt daher einer Sinuslinie mit ausgesprochener dritter Harmonischer, deren Maximum dem der Grundwelle um 5...10 elektrische Grade nacheilt.

Die Abweichungen der Stromkurve von der Sinuslinie erscheinen zunächst im großen ganzen nicht bedeutend, wenn auch zu berücksichtigen ist, daß hier nur Beispiele von im Betrieb gut arbeitenden Maschinen vorgeführt wurden, und bei anderen größere Abweichungen auftreten können. Ein ganz anderes Bild erhält man aber, wenn man die zeitliche Kurve des Wertes $\dfrac{di}{dt}$, also die Differentiallinie der Stromkurve, betrachtet. Diese ist bei der Berechnung des Motors von großer Bedeutung, weil sie den Verlauf eines induktiven Spannungsabfalls in einem Stromkreise darstellt, dessen Selbstinduktionskoeffizient konstant bleibt, wie es z. B. für die im Motor auftretenden Streuspannungen angenähert zutrifft. Aus einem Oszillogramm die Differentiallinie zu konstruieren, ist bekanntlich schwierig, weil hierzu die Strichschärfe viel zu ungenau ist. Daher ist es besser, die gesuchte Differentiallinie direkt zu oszillographieren.

Dabei wurde folgendes Verfahren benutzt: An einer Stromzuführungsschiene des Motors wurde eine Spule von großer

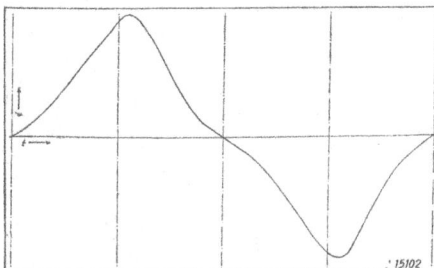

Abb. 3. Oszillographierte Stromkurve eines Motors von 2600 kW, 350 V höchste Betriebsspannung, 9000 A Stundenstrom. Aufgenommen bei 10 500 A.

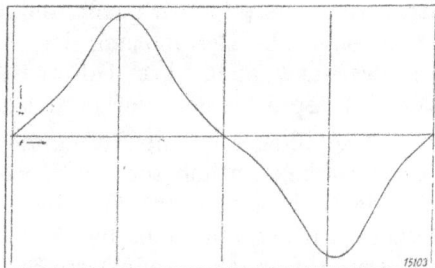

Abb. 4. Oszillographierte Stromkurve eines Motors von 423 kW, 375 V höchste Betriebsspannung, 1950 A Stundenstrom. Aufgenommen bei 1110 A.

Windungszahl (für die üblichen Oszillographenmeßschleifen und einen Motorstrom von 1000 A waren etwa 1000 Windungen erforderlich) so befestigt, daß ihre Windungsflächen von den die Schiene umgebenden magnetischen Kraftlinien induziert wurden. Da die Anzahl dieser Kraftlinien proportional dem in der Schiene fließenden Strom ist, wird die in der Spule induzierte elektromotorische Kraft proportional dem Differentialquotienten der Stromkurve. Man hat also die Meßschleife des Oszillographen an die Enden der Spule zu legen, um die gewünschte Differentiallinie des Stromes zu erhalten. Bei der praktischen Durchführung dieser Aufnahme sind allerdings noch einige Schwierigkeiten zu überwinden:

Es ist z. B. wegen der großen Stromstärken der heutigen Lokomotivmotoren und der kräftigen magnetischen Streufelder, die überall in elektrischen Lokomotiven vorhanden sind, notwendig, alle störenden Felder durch Kupferbleche sorgfältig abzuschirmen und auf peinliche Verdrillung der Meßleitungen zu achten. Außerdem sollte der Ohmsche Widerstand des aus Aufnahmespule, Meßschleife, Leitungen und Vorschaltwiderstand bestehenden Stromkreises möglichst groß sein, weil die höheren Harmonischen sonst im Oszillogramm nicht voll erscheinen.

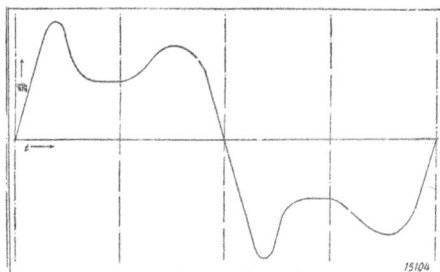

Abb. 5. Oszillogramm des Wertes $\frac{di}{dt}$, aufgenommen an einem 423-kW-Motor bei 1110 A.

Die Abb. 5 zeigt ein solches Oszillogramm, das an demselben 423-kW-Motor wie die Abb. 4, auch mit nahezu dem gleichen Strom aufgenommen wurde. Hier müssen die starken Abweichungen von der Sinuslinie sofort auffallen. Entsprechend den beiden Wendepunkten der Stromkurve und dem von diesen begrenzten flachen Durchgang durch die Nullinie zeigt die Differentialkurve eine tiefe Einsattelung, so daß sie zwei Maxima erhält. Diese beiden sind gemäß der Unsymmetrie der Stromkurve verschieden groß, und zwar ist das zeitlich vorangehende das höhere. Die Betrachtung der Stromkurven, Abb. 1...4, ergibt ohne weiteres, daß auch ihre Differentiallinien einen dem Oszillogramm Abb. 5 entsprechenden Verlauf besitzen.

Die oszillographische Aufnahme des zeitlichen Verlaufs des Hauptflusses ist bekanntlich schwierig, wenn man auf ein genaues Ergebnis Wert legt. Dagegen läßt sich die Differentiallinie des zeitlichen Flußverlaufs oszillographieren, indem man die in einer um den Hauptpol gelegten Hilfswindung induzierte Spannung aufnimmt. Die so erhaltene Kurve ist von großer Bedeutung, denn sie zeigt gleichzeitig auch den zeitlichen Verlauf der Transformatorspannung sowie den der Selbstinduktionsspannung der Erregerwicklung an.

Die Abb. 6 stellt ein solches Oszillogramm dar, das wieder an dem gleichen Motor wie Abb. 4 und 5, auch etwa bei der gleichen Stromstärke aufgenommen wurde. Dieses Bild ist, wie alle derartigen Oszillogramme, unübersichtlich, weil die vielen durch Ankernuten und Kommutatorsegmente erzeugten Oberwellen voll darin enthalten sind, und die Form der eigentlichen $\frac{d\Phi}{dt}$-Linie nur mittelbar erkennen lassen. Denkt man sich diese Oberwellen weg, so erkennt man, daß die $\frac{d\Phi}{dt}$-Kurve während des verhältnismäßig langen Zeitraumes von rund $^1\!/_4$ Periode der Nulllinie sehr nahe bleibt. Demnach steigt die Differentiallinie des zeitlichen Flußverlaufs, vom Schnittpunkt mit der Nullinie ausgehend, zunächst nur ganz langsam an, erhebt sich dann aber schnell zu einem hohen Maximum. Diesen Wert behält sie eine kurze Zeitlang bei und fällt dann wieder, zuerst sehr steil fast bis zur Nullinie, darauf ganz allmählich bis zum Nulldurchgang ab. Das bedeutet, daß die Kurve viel spitzer als eine Sinuslinie sein, also einen hoch über Eins liegenden Scheitelfaktor besitzen muß. Man gelangt zu dem gleichen Ergebnis, wenn man erwägt, daß der zeitliche Flußverlauf flacher als eine Sinuslinie erfolgt, seine Differentiallinie also desto spitzer gestaltet sein muß.

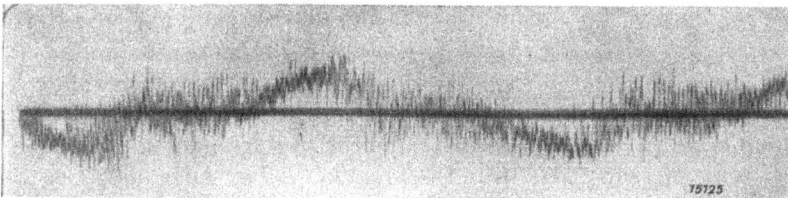

Abb. 6. Oszillogramm des Wertes $\frac{d\Phi}{dt}$, aufgenommen an einem 423-kW-Motor bei 1110 A.

Nach dieser Zusammenstellung zeigen zwar die Stromkurven selbst keine starken Abweichungen von der Sinuslinie. Die Formen des zeitlichen Verlaufs der Funktionen $\frac{di}{dt}$ und $\frac{d\Phi}{dt}$ dagegen kann man kaum mehr sinusähnlich nennen, und daraus folgt, daß auch der zeitliche Verlauf der Streuspannungen, der Selbstinduktionsspannung der Erregerwicklung und der Transformatorspannung stark von der Sinuslinie abweicht. Alle diese Größen spielen aber bei der Berechnung des Einphasen-Reihenschlußmotors eine wichtige Rolle. Danach kann es doch keineswegs selbstverständlich erscheinen, daß man wirklich den zeitlichen Verlauf aller Größen sinusförmig voraussetzen darf, ohne dabei unzulässige Ungenauigkeiten zu begehen.

B. Schwierigkeiten bei der Messung.

Wenn eine Wechselstromgröße von der zeitlichen Sinusform abweicht, so können bei einer Messung verhältnismäßig leicht Fehler oder Irrtümer entstehen. Die meisten Meßgeräte werden nämlich nur für eine bestimmte Frequenz geeicht, und ihre Genauigkeit wird dann nur zwischen dem 0,9...1,1 fachen Werte der Nennfrequenz gewährleistet[1]. Enthält die zu messende Wechselstromgröße sehr starke Oberwellen,

[1] Lit.-Verz. 7, S. 203.

so können dadurch Unterschiede zwischen den gemessenen und den tatsächlichen Werten auftreten, die nicht mehr ohne weiteres zu vernachlässigen sind. Es gibt zwar Meßgeräte, die innerhalb der hier in Frage kommenden Grenzen als frequenzunabhängig betrachtet werden dürfen, z. B. die Hitzdraht- und Dynamometerinstrumente. Solche kann man zwar im Prüffeld verwenden, im Betrieb wird man aber oft mit einfachen, unempfindlichen Geräten arbeiten müssen und darf dann keine große Genauigkeit erwarten. Nach Keinath[1]) sind sogar Kurvenfehler von 10% möglich, allerdings wohl noch nicht bei solchen Kurvenformen, wie sie bei Einphasen-Reihenschlußmotoren in Frage kommen.

Trotzdem muß man sich vor Beginn der Messung über die Eigenart des benutzten Gerätes Klarheit zu verschaffen suchen, um die Bedeutung der angezeigten Werte beurteilen zu können. Das ist besonders bei indirekten Leistungsfaktormessungen wichtig, bei denen die Fehler dreier Instrumente zu berücksichtigen sind. Benutzt man statt dessen ein Gerät zur Messung des Blindverbrauchs selbst oder des Leistungsfaktors, so sind bei nicht sinusförmigen Kurven noch größere Fehler zu erwarten[2]).

Kennt man die Kurvenform der zu messenden Größe und die Fehlerkurve des Gerätes für die verschiedenen Frequenzen, so könnte man die Größe in ihre Harmonischen zerlegen und so versuchen, den Anzeigefehler zu bestimmen. Dieser Weg ist aber für die Praxis viel zu umständlich.

Zum Betrieb der Einphasen-Reihenschlußmotoren stehen in den Prüffeldern meistens nur Generatoren zur Verfügung, welche die zu prüfenden Maschinen an Leistung wenig oder gar nicht übertreffen. Oft verwendet man sogar einen zweiten Motor von gleicher Bauart als Hauptgenerator, und als Zusatzgenerator nur eine kleine Maschine, von der die Form der Spannungskurve abhängt, mit welcher der Motor arbeitet. Die von Motor und Generator herrührenden Oberwellen können dann die Kurvenform der Spannung stark verzerren, vor allem, wenn der Generator weich ist. Dazu besteht noch die Gefahr, daß sich die Oberschwingungen von Motor und Generator gegenseitig verstärken. Deshalb feuert im Prüffeld, besonders bei Kreisschaltungen, mancher Motor, der später im Betrieb einwandfrei arbeitet[3]).

Es ist daher erforderlich, die Klemmenspannung während der Prüfung durch den Oszillographen zu untersuchen. Ist die Kurvenform nicht zufriedenstellend, enthält sie insbesondere stark ausgeprägte Oberwellen, so kann aus schlechter Stromwendung noch kein Fehler der Maschine abgeleitet werden. Man wird in solchen Fällen einen ande-

[1]) Lit.-Verz. 7, S. 110...111.
[2]) Lit.-Verz. 15.
[3]) Lit.-Verz. 8, S. 1806.

ren, möglichst größeren und härteren Generator verwenden müssen oder versuchen, durch Einbau von Drosselspulen, Ableitwiderständen u. dgl. eine bessere Form der Spannung zu erzielen. Es ist dabei zu beachten, daß eine geringe Abflachung der Spannungskurve, wie sie sich an fast allen Einphasengeneratoren bei hoher Belastung einstellt, meistens auch in den Bahnnetzen vorhanden zu sein scheint[1]). Sie ist ganz ungefährlich und verbessert sogar den Motor eher etwas, da sie seine Eisenverluste verringert. Ist jedoch die Abflachung der Spannung im Prüffeld zu stark, so kann das Verhalten des Motors im Prüffeld zu günstig erscheinen.

C. Möglichkeiten zur Verbesserung der Berechnung.

Eine Einphasenlokomotive enthält meistens Fahrmotoren von 20...35 t Gesamtgewicht. Da die Bahnverwaltungen ihre Maschinen in der Regel nicht einzeln, sondern in Reihen von 10...40 Stück beschaffen, handelt es sich für den Hersteller der Motoren um einen Auftragswert von 1...10 Millionen Mark. Dieser Wert liegt in einer Größenordnung, die auch die schwierigsten Berechnungsarbeiten lohnend erscheinen läßt. Die Zeit zu einer eingehenderen Berechnung ist im allgemeinen ebenfalls vorhanden, da man den Entwurf eines neuen Lokomotivmotors nicht erst vorzunehmen pflegt, wenn bereits ein Auftrag vorliegt.

Daher erscheint es angebracht, einmal zu untersuchen, ob nicht wenigstens ein Teil der erwähnten Abweichungen zwischen den vorausberechneten und den tatsächlichen Werten der Maschine durch irgendeine Verbesserung des Berechnungsverfahrens verringert werden kann. Da sich der Gleichstrom-Reihenschlußmotor schon mit einfachen Mitteln gut berechnen läßt, können die schlechteren Ergebnisse bei der Berechnung des Einphasen-Reihenschlußmotors nur auf diejenigen Erscheinungen zurückzuführen sein, die dem Wechselstrombetrieb eigentümlich sind. Da die Nuten- und Segmentoberwellen durch entsprechenden Entwurf in ungefährlichen Grenzen gehalten werden können, scheinen es vor allem die Kurzschlußströme und die durch die Krümmung der Magnetisierungskurve hervorgerufenen Abweichungen der elektrischen Größen von der Sinuslinie zu sein, deren Berücksichtigung eine Verbesserung der Berechnungsgenauigkeit verspricht.

Es wurde bereits dargelegt, daß sich aus stichhaltigen Gründen eine Berechnung der Kurzschlußströme mit den heutigen Mitteln nicht genau durchführen läßt. So besteht theoretisch nur noch die Möglichkeit, den Versuch zu machen, die Abweichungen in den zeitlichen Kurvenformen, welche durch die Sättigung des Eisens verursacht werden, der

[1]) Lit.-Verz. 11.

2*

Berechnung zu unterwerfen. Da man erfahrungsgemäß die Gleichstrom-magnetisierungskurve ziemlich genau berechnen kann, ist zu vermuten, daß es auch möglich sein muß, die durch ihre Form hervorgerufenen Erscheinungen rechnerisch zu verfolgen.

. Wenn dies gelingen sollte, so ist noch nicht erwiesen, daß die so erhaltenen Ergebnisse immer mit der Wirklichkeit besser übereinstimmen müssen, als die in. alter Weise auf Grund der Annahme sinusförmigen Kurvenverlaufs errechneten Daten. Es wäre nämlich denkbar, daß die Abweichungen der Kurvenformen durch andere Einflüsse, auf deren Berechnung auch weiterhin verzichtet wird, stark gedämpft werden. In diesem Falle würde man sogar durch das Einsetzen der berechneten Kurvenformen ein schlechteres Ergebnis erhalten als bei Annahme sinusförmigen Kurvenverlaufs. Da diese Frage nur auf Grund der Erfahrung entschieden werden kann, welche man aus dem Vergleich der berechneten Ergebnisse und der Wirklichkeit gewinnen muß, ist ihre Beantwortung zunächst unmöglich. Deshalb kommt es nun darauf an, ein Verfahren zu finden, das die Berechnung der zeitlichen Kurvenformen ermöglicht.

D. Die Berechnung des Einphasen-Reihenschlußmotors ohne Voraussetzung zeitlich sinusförmigen Kurvenverlaufs.

1. Ableitung der Spannungsgleichung.

In den oszillographisch aufgenommenen Kurven erschien zwar die dritte Harmonische besonders deutlich, genauere Analysen zeigen aber, daß auch viele Harmonische höherer Ordnung in ihnen enthalten sind, deren Größenordnung eine Vernachlässigung nicht statthaft erscheinen läßt. Daher muß ein Berechnungsverfahren gesucht werden, das nicht nur die Grundwelle und einige wenige Harmonische vorher bestimmter Ordnung berücksichtigt, sondern grundsätzlich auf überhaupt keiner Voraussetzung über die Form des zeitlichen Kurvenverlaufs beruht. Das Vektordiagramm oder eine entsprechende symbolische Methode versprechen deshalb keinen Erfolg, selbst wenn man es versuchen wollte, in bekannter Weise für die Grundwelle und für einzelne Harmonische je ein besonderes Diagramm zu entwerfen. Derartige Berechnungen pflegen zudem recht zeitraubend zu werden.

Daher bleibt nichts übrig, als grundsätzlich von den Momentanwerten der einzelnen elektrischen und magnetischen Größen auszugehen, die zwischen ihnen bestehenden Beziehungen zu untersuchen und darauf irgendein Berechnungsverfahren aufzubauen.

Führt man dem Motor eine momentane Klemmenspannung u zu, so ist diese gleich der Summe aller in diesem Augenblick im Motor erzeugten Spannungen. Von diesen sind der Größenordnung nach im technischen Einphasen-Reihenschlußmotor nur folgende von Bedeutung:

1. Die Rotationsspannung $\Phi n K_1$.
2. Die Ohmschen Spannungsabfälle iR.
3. Die induktiven Spannungsabfälle $\dfrac{di}{dt} K_2 + \dfrac{d\Phi}{dt} K_3$.

Die Größen K_1, K_2 und K_3 sind Maschinenkonstanten, deren Bedeutung aus dem Bau obiger Ausdrücke ohne weiteres hervorgeht. Allerdings bleibt K_3, genau genommen, nicht ganz konstant, sondern ändert sich etwas mit der Eisensättigung, d. h. mit dem Strom. Diese Änderung ist jedoch so klein, daß ihre Vernachlässigung hier statthaft erscheint. Ob sie tatsächlich berechtigt ist, kann wiederum nur der Vergleich der auf diese Weise gewonnenen Berechnungsergebnisse mit der Wirklichkeit zeigen.

Die induktiven Spannungsabfälle wurden in zwei Gruppen unterteilt, von denen die erstere der Änderung des Stromes direkt, die andere der des magnetischen Flusses proportional gesetzt wird. Diese Annahme ist erforderlich, weil hier die gekrümmte Form der Magnetisierungskurve nicht vernachlässigt, also auch die Selbstinduktionsspannung der Erregerwicklung dem Strom nicht mehr proportional gesetzt werden darf. Die Größe $\dfrac{di}{dt} K_2$ stellt also die Streuspannungen dar, während $\dfrac{d\Phi}{dt} K_3$ die Selbstinduktionsspannung der Erregerwicklung bezeichnet. Es ergibt sich demnach die Spannungsgleichung:

$$ u = \Phi n K_1 + iR + \frac{di}{dt} K_2 + \frac{d\Phi}{dt} K_3 \quad \ldots \ldots \quad 5) $$

Setzt man nun:

$$ \frac{d\Phi}{dt} = \frac{d\Phi}{di} \cdot \frac{di}{dt}, \quad \ldots \quad \ldots \quad 6) $$

so ergibt sich aus 5):

$$ u = \Phi n K_1 + iR + \frac{di}{dt} \left(K_2 + \frac{d\Phi}{di} K_3 \right), \quad \ldots \quad 7) $$

also:

$$ \frac{di}{dt} = \frac{u - iR - \Phi n K_1}{K_2 + \dfrac{d\Phi}{di} K_3} \quad \ldots \ldots \ldots \quad 8) $$

Hat man die Magnetisierungskurve des Motors berechnet, so kennt man $\Phi = f_1(i)$ und kann daraus auch $\dfrac{d\Phi}{di} = f_1'(i)$ ermitteln und aufzeichnen. Ferner muß man zur Berechnung noch den zeitlichen Verlauf der Klemmenspannung, $u = f_2(t)$, kennen. Dieser ist, wie bereits erwähnt, im praktischen Betrieb wahrscheinlich sehr häufig nicht sinusförmig, sondern verläuft flacher. Es wäre also vielleicht ganz angebracht, wenn man auch für die Berechnung von vornherein eine entsprechende Kurvenform annehmen würde. Da jedoch zur Zeit unsere Erfahrungen über die wirkliche Spannungskurvenform noch zu gering sind, und außerdem die Eisenverluste bei der reinen Sinus-Spannungskurve etwas höher sind, dürfte es für die meisten Fälle doch am vorteilhaftesten erscheinen, auch weiterhin die übliche sinusförmige Spannung für die Berechnung beizubehalten. Es wäre aber im Hinblick auf die weiteren Entwicklungsmöglichkeiten trotzdem günstig, wenn das zu entwickelnde Berechnungsverfahren auch für nicht sinusförmige Spannungskurven brauchbar wäre.

Legt man die Drehzahl n fest, und wählt man einen bestimmten Zeitpunkt t, so sind in der Gleichung 8) sämtliche Größen außer i und $\frac{di}{dt}$ bestimmt. Es muß sich also aus ihr der Stromverlauf, d. h. die Funktion $i = f_3(t)$ errechnen lassen. Ist dies erst gelungen, so macht die Ermittlung der zeitlichen Kurven für die anderen elektrischen Größen keine Schwierigkeiten mehr.

2. Die allgemeine Lösung der Spannungsgleichung.

Eine allgemeine Lösung der Spannungsgleichung 8) würde den großen Vorteil bringen, daß man die Rechnung nur einmal durchzuführen brauchte, und dann später bei jeder praktischen Anwendung nur die betreffenden Zahlenwerte in die Lösungsformel einzusetzen hat. Ferner wäre es möglich, die Einflüsse der einzelnen Größen auf das Endergebnis gut zu übersehen.

Wenn man berücksichtigt, daß ein Teil der in Gleichung 8) enthaltenden Größen nicht konstant, sondern von den Veränderlichen i und t abhängig ist, so hätte man die Gleichung folgendermaßen zu schreiben:

$$\frac{di}{dt} = \frac{f_2(t) - i R - f_1(i) n K_1}{K_2 - K_3 f_1'(i)} \quad \ldots \ldots \quad 9)$$

Setzt man nun:

$$i R + f_1(i) n K_1 = f_4(i) \quad \ldots \ldots \ldots \quad 10)$$

und

$$K_2 - K_3 f_1'(i) = f_5(i), \quad \ldots \ldots \ldots \quad 11)$$

so wird aus 9):

$$\frac{di}{dt} = \frac{f_2(t) - f_4(i)}{f_5(i)} \quad \ldots \ldots \ldots \quad 12)$$

Diese Gleichung ist mit den heutigen Mitteln der Mathematik ganz allgemein nur dann zu lösen, wenn $f_2(t)$, $f_4(i)$ und $f_5(i)$ einige bestimmte Formen besitzen. Es ist also zu untersuchen, ob man denn überhaupt in der Lage ist, die Form dieser drei Funktionen endgültig in irgendeiner Weise festzulegen.

Für $f_2(t) = u$ darf man, wie bereits erwähnt, zwar meistens den Sinusverlauf annehmen, aber es wäre vorteilhaft, wenn man auch auf diese Voraussetzung verzichten könnte.

In $f_4(i) = iR + f_1(i)\,nK_1$ ist die Magnetisierungskurve der Maschine enthalten. Man kann diese zwar mit einer für viele Fälle des Elektromaschinenbaus ausreichenden Genauigkeit durch die Gleichung beschreiben:

$$i = K_4\Phi + K_5\Phi^{K_6}, \quad\quad\quad\quad 13)$$

und man kennt Verfahren, um aus der errechneten Kurve schnell und sicher die Größe der Konstanten $K_4...K_6$ zu ermitteln[1]), aber man findet bei den heutigen Motoren meistens für die Größe K_6 gebrochene und so große Zahlen, daß der Aufbau der Funktion $\Phi = f_1(i)$ recht verwickelt und für die weitere Rechnung wenig brauchbar wird. Es stellt sich ferner heraus, daß man durch eine nach 13) gebaute Gleichung zwar die Magnetisierungskurve selbst noch einigermaßen beschreiben kann, aber auf diese Weise für ihre Ableitung nach dem Strom keine genügend genauen Werte mehr erhält. Aus diesem Grunde läßt sich die Form der Funktion $f_5(i) = K_2 + \dfrac{d\Phi}{di}\,K_3$ überhaupt nicht allgemein-gültig festlegen.

Es ist deshalb nicht möglich, die Gleichung 8) allgemein zu lösen. Dies gelingt übrigens nicht einmal für den einfacheren Fall, daß die Rotationsspannung Null ist, also für den stillstehenden Motor bzw. einen gewöhnlichen leerlaufenden Transformator. Hier ist Rogowski bei der Berechnung des Einschaltstromstoßes eines Transformators so vorgegangen, daß er die Magnetisierungskurve durch eine aus drei geraden Stücken zusammengesetzte Linie ersetzte[2]), da die Gleichung 8) nur dann ohne weiteres allgemein lösbar ist, wenn $\Phi = f_1(i)$ eine gerade Linie, die nicht durch den Koordinatenanfangspunkt zu gehen braucht, ist. Es wäre möglich, auch hier einen ähnlichen Weg einzuschlagen. Auf diese Weise kommt man aber zu sehr langwierigen Ausdrücken, deren zahlenmäßige Auswertung zeitraubend ist, und doch nur ein angenähertes Ergebnis liefert, dessen Wert in keinem Verhältnis zu der aufgewandten Berechnungsarbeit steht.

3. Die graphische Lösung der Spannungsgleichung.

Differentialgleichungen von ähnlichem Aufbau wie Gleichung 8) kommen in allen Zweigen der Technik öfters vor, z. B. bei der Berechnung von Schwingungsvorgängen, Zugbewegungen u. dgl. Man bearbeitet sie oft graphisch, selbst dann, wenn eine analytische Lösung möglich wäre, weil graphische Verfahren im allgemeinen den großen Vorzug guter Übersichtlichkeit besitzen, den man in der Praxis besonders hoch

[1]) Lit.-Verz. 2.
[2]) Lit.-Verz. 3, S. 17.

schätzen muß. Deshalb liegt es nahe, auch hier eine graphische Lösung zu versuchen.

Zunächst erscheint eine graphische Lösung nur dann möglich, wenn wenigstens ein Punkt der zeitlichen Stromkurve für gegebene Drehzahl und Spannung bekannt ist. Bezeichnet man diesen Punkt mit (i_1, t_1), so kann man aus der errechneten Magnetisierungskurve des Motors $\Phi = f_1(i)$ und ihrer Ableitung $\dfrac{d\Phi}{di} = f_1'(i)$ auch die zu i gehörigen Werte von Φ und $\dfrac{d\Phi}{di}$ ermitteln und dann ohne weiteres den zum Punkte (i_1, t_1) gehörigen Wert $\dfrac{di}{dt}$ nach Gleichung 8) berechnen. Man kann also durch den Punkt (i_1, t_1) eine gerade Linie legen, deren Neigung zur Nullachse dem errechneten Differentialquotienten der Stromkurve entspricht. Diese Gerade ist zwar, streng genommen, nur eine Tangente der Stromkurve, darf aber nach den, von allen graphischen Integrationen her bekannten Regeln in der Nähe des Punktes (i_1, t_1) als Stück der Stromkurve selbst betrachtet werden. Man darf also auf ihr in der Nähe von (i_1, t_1) einen zweiten Punkt (i_2, t_2) annehmen, und diesen ebenfalls als Punkt der Stromkurve behandeln. Nun kann man für diesen das gleiche Verfahren wie für den ersten Punkt wiederholen, errechnet also das $\left(\dfrac{di}{dt}\right)_2$ und gewinnt auf diese Weise einen dritten Punkt der gesuchten Kurve. Derartig fortfahrend gewinnt man schließlich die ganze Kurve. Ist die Konstruktion fehlerfrei durchgeführt, so muß nach Ablauf einer halben Periode wieder der Anfangswert i_1, diesmal jedoch mit negativem Vorzeichen, erreicht werden.

Im allgemeinen ist jedoch von vornherein kein einziger Punkt der Stromkurve bekannt. Man könnte höchstens auf Grund einer Schätzung des Leistungsfaktors ungefähr den Zeitpunkt angeben, in dem die Stromkurve durch Null geht. Hat man nicht richtig geschätzt, so erkennt man das bald daran, daß der zweite Nulldurchgang vom ersten nicht um genau eine halbe Periode, sondern mehr oder weniger weit entfernt liegt. Führt man trotz eines solchen Fehlers die Konstruktion ruhig weiter durch, so findet man, daß die Abstände zwischen den einzelnen Nulldurchgängen sehr schnell immer genauer an eine halbe Periode herankommen, und daß gleichzeitig die Formen der einzelnen Halbwellen der Kurve einander immer ähnlicher werden. Der bei der Wahl des Anfangspunktes gemachte Fehler, den wir Anfangsfehler nennen möchten, klingt also im Verlaufe der Konstruktion von selbst ab und verschwindet schließlich ganz. Die konstruierte Linie schwingt sich also ohne weiteres auf die gesuchte Stromkurve ein, auch wenn der Anfangspunkt ganz falsch gewählt wurde. Man braucht daher für diese Konstruktion gar keinen Punkt der Stromkurve zu kennen, um sie durchführen zu können, sondern kann jeden beliebigen Punkt als Anfangspunkt wählen. Je größer allerdings der Anfangsfehler ist, desto mehr Arbeit muß es kosten, bis die gesuchte Linie glücklich gefunden ist.

Wenn das Abklingen des Anfangsfehlers zu langsam erfolgt, so muß die beschriebene Konstruktion so langwierig werden, daß sie praktisch nicht mehr zu bewältigen ist. Nur dann kann also das beschriebene Verfahren eine brauchbare Lösung darstellen, wenn der Anfangsfehler stets innerhalb weniger Perioden verschwindet. Daß diese Forderung aber beim Einphasen-Reihenschlußmotor immer erfüllt ist, kann man schon auf Grund einer ganz groben Schätzung einsehen:

Die Ähnlichkeit des Abklingens des Anfangsfehlers mit dem Abklingen eines Einschaltstromstoßes legt die Vermutung nahe, daß, mathematisch betrachtet, beide dasselbe sind. Die Gleichung 8) gilt ja auch tatsächlich ebenfalls für den Einschaltvorgang. Beginnen wir also unsere Konstruktion mit einem auf der Nullinie gelegenen Punkte, so stellen wir graphisch nichts weiter als einen Einschaltvorgang dar. Ist aber die momentane Stromstärke zu Anfang nicht Null, so beschreibt die konstruierte Linie den Vorgang, der sich abspielt, wenn man die Motorspannung momentan erhöht oder erniedrigt. Daß aber in allen Fällen eine Einschwingung in den stationären Zustand stets erfolgt, ist ja genügend bekannt.

Ebenso bekannt ist, daß das Abklingen des Schaltstromstoßes immer um so schneller erfolgt, je größer der ohmsche Widerstand des Stromkreises im Vergleich zu seinem induktiven ist. Vergleicht man in dieser Beziehung den Einphasen-Reihenschlußmotor mit einem gewöhnlichen Transformator, dessen Verhalten beim Schalten heute wohl jedem Ingenieur sehr geläufig ist, so muß sich herausstellen, daß das Verhältnis zwischen ohmschem und induktivem Widerstand beim Motor rund zehnmal so groß ist wie beim Transformator. Dazu kommt noch, daß die Rotationsspannung auf den Einschaltvorgang den gleichen Einfluß ausübt wie ein ohmscher Spannungsabfall, wenigstens solange das aktive Eisen noch nicht gesättigt ist. Bei ungesättigtem Eisen ist nämlich der magnetische Fluß proportional dem Strom, so daß auch die Größe $iR + \Phi n K_1$ dem Strom proportional zu setzen ist, und man mit einem fiktiven ohmschen Widerstand R' rechnen kann, dessen Größe sich ergibt aus:

$$iR' = iR + \Phi n K_1 \quad . \quad . \quad . \quad . \quad . \quad . \quad 14)$$

In dieser Weise kann man fast alle Gleichungen, die für den Schaltvorgang der Transformatoren gelten, auch für den Einphasen-Reihenschlußmotor verwenden. Man kann daraus ohne weiteres entnehmen, wie bedeutend das Verhältnis von fiktivem ohmschem zu induktivem Widerstand beim Motor das des Transformators übertreffen muß, auch wenn der Motorstrom so groß ist, daß das aktive Eisen nicht während des ganzen Verlaufs der Periode ungesättigt bleibt. Beim Einphasen-

Reihenschlußmotor hat man also immer mit einem außerordentlich schnellen Abklingen des Einschaltstromstoßes, und daher auch des Anfangsfehlers bei unserer Konstruktion zu rechnen.

Diese Überlegungen bestätigt die Erfahrung: Bei zahlreichen Durchführungen der beschriebenen Konstruktion wurde immer wieder gefunden, daß bei hohen Motordrehzahlen der Anfangsfehler vielfach schon nach einer Viertelperiode praktisch abgeklungen war. Bei niedrigerer Drehzahl dauert infolge der kleineren Rotationsspannung der Abklingungsvorgang zwar länger, beim stillstehenden Motor bis zu drei oder vier Perioden, falls der Anfangsfehler überhaupt innerhalb einigermaßen vernünftiger Grenzen liegt. Das Abklingen erfolgt also stets so schnell, daß die Durchführung des graphischen Berechnungsverfahrens selbst für die Praxis möglich wird.

Die Genauigkeit der Konstruktionsarbeit läßt sich gut nachprüfen, wenn man grundsätzlich von dem Punkte an, bei dem der Anfangsfehler vernachlässigbar klein wird, noch mindestens zwei volle Halbwellen der Kurve zeichnet. Arbeitet man auf Pauspapier, so kann man durch Übereinanderlegen der Blätter immer schnell feststellen, wo der Anfangsfehler verschwindet, und wie genau die Konstruktionsarbeit ausgeführt wurde. Das beschriebene Verfahren gibt also die Möglichkeit, die wichtigsten Vorgänge im Einphasen-Reihenschlußmotor nachzurechnen, ohne die üblichen Voraussetzungen über den zeitlichen Verlauf der einzelnen elektrischen oder magnetischen Größen zu machen. Es bietet noch eine Fülle weiterer Möglichkeiten. Daß es gestattet, auch mit nicht sinusförmigen Spannungskurven zu rechnen, wurde schon erwähnt. Man kann das Verfahren aber noch weiterhin vervollkommnen: Man könnte z. B. die Hysteresis berücksichtigen, oder etwa die ohmschen und induktiven Widerstände des Fahrzeugtransformators, der Stromteiler od. dgl. mit erfassen. Alle derartigen Erweiterungen der Berechnung bedeuten aber eine Vermehrung des ohnehin nicht ganz unbedeutenden Zeitaufwandes, kommen also für eine allgemeine Verwendung kaum in Frage. Sie können aber trotzdem in Sonderfällen wertvoll werden.

E. Die Zuverlässigkeit des graphischen Berechnungsverfahrens.

Um die Brauchbarkeit des soeben entwickelten graphischen Berechnungsverfahrens und seiner Ergebnisse beurteilen zu können, mußten verschiedene Motoren, deren Verhalten im Betrieb genau bekannt war, in dieser Weise nachgerechnet werden. Hysteresis, Wirbelströme im Eisen und Kurzschlußströme mußten dabei zweckmäßig vernachlässigt werden, um das Ergebnis nicht zu verschleiern. Als

Beispiel seien hier die Ergebnisse angeführt, die bei der Nachrechnung des 423-kW-Motors, von dem die Oszillogramme der Abb. 4, 5 und 6 stammen, gefunden wurden.

Dieser Motor eignet sich deshalb besonders als Beispiel, weil er seit einigen Jahren im Dienst steht und sich als in jeder Beziehung vollkommen einwandfrei erwiesen hat, und weil außerdem seine Beanspruchungen überall innerhalb der heute üblichen Grenzen liegen, so daß sich die an ihm gewonnenen Erkenntnisse auch auf viele andere Maschinen übertragen lassen. Von seinen Daten sind hier nur folgende von Bedeutung:

Stundenstrom 1950 A.

Höchste Betriebsspannung 350 V.

Höchste Betriebsdrehzahl 1000 Umdr/min.

Polzahl 12.

$R = 0{,}00692\ \Omega$ bei 50^0 C.

$$K_1 = 0{,}1260 \frac{\text{V} \cdot \text{min}}{\text{M Maxwell} \cdot \text{Umdr}}$$

$K_2 = 0{,}562$ mH.

$$K_3 = 0{,}153 \frac{\text{sec} \cdot \text{V}}{\text{M Maxwell}}$$

Von der Magnetisierungskurve und ihrer ersten Ableitung nach dem Strom ist das für die Berechnung interessanteste Stück in Abb. 7 dargestellt, in der auch gleichzeitig die später benötigten Werte der Funktionen $x = i\,R + \Phi\,n\,K_1$ für 1000 Umdr/min und $y = K_2 + \dfrac{d\,\Phi}{d\,i}\,K_3$ eingetragen sind.

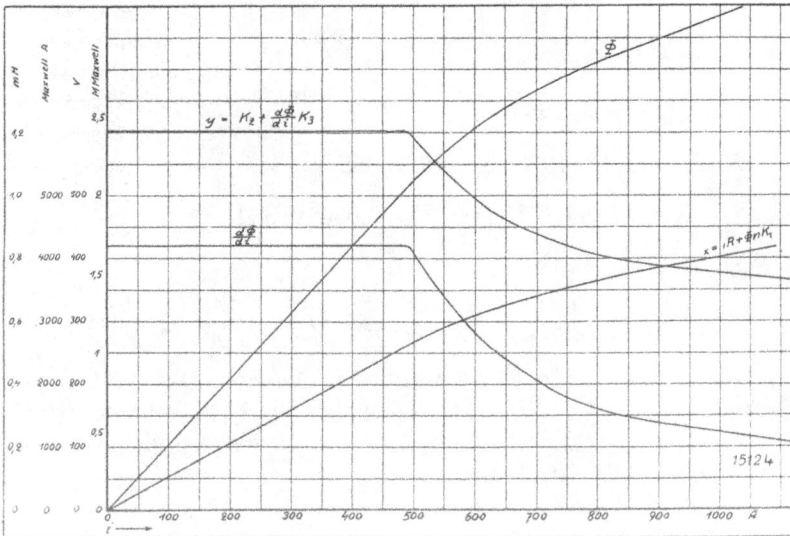

Abb. 7. Magnetische Verhältnisse eines 423-kW-Motors.

Als Beispiel soll hier die Nachrechnung des Betriebszustandes vorgeführt werden, der durch eine zeitlich sinusförmige Klemmenspannung von 300 V effektiv und eine Drehzahl von 1000 Umdr/min festgelegt ist. Als Anfangspunkt der Stromkurve soll zunächst ganz willkürlich $i_1 = 1000$ A bei einer Momentanspannung von $u_1 = 100$ V gewählt werden, wie es der Punkt *1* der Abb. 8 zeigt. Genau dem Aufbau der Gleichung 8) entsprechend rechnen wir nun:

$$i\,R = 1000 \cdot 0{,}0069 = 6{,}9 \text{ V}.$$

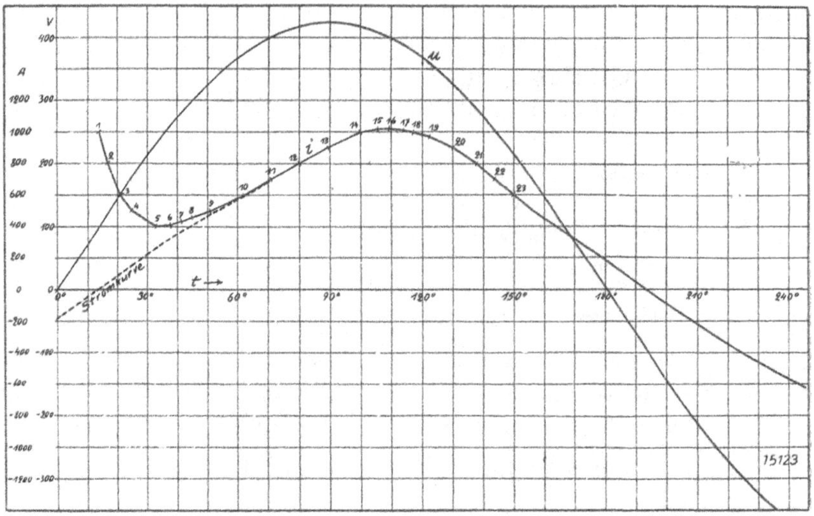

Abb. 8. Beispiel für die graphische Konstruktion einer Stromkurve.

Nach den Kurven der Abb. 7 ergibt sich:

$$\Phi = 3{,}14 \text{ M Maxwell}, \quad \frac{d\Phi}{di} = 1250 \,\frac{\text{Maxwell}}{\text{A}}$$

$$\Phi n K_1 = 3{,}14 \cdot 1000 \cdot 0{,}1260 = 395 \text{ V}$$

$$\frac{d\Phi}{di}\,K_3 = 1250 \cdot 0{,}153 \cdot 10^{-6} = 0{,}0001913 \text{ H},$$

also nach Gleichung 8):

$$\frac{di}{dt} = \frac{100 - 6{,}9 - 395}{0{,}000562 + 0{,}0001913} = -\frac{302}{0{,}000753}\,\frac{\text{A}}{\text{sec}}.$$

Für die vorliegende Konstruktion ist die Sekunde eine unbequem große Zeiteinheit. Wir errechnen daher den Wert $\varDelta i$, welcher die Änderung des Stromes während einer Zeit von 10 elektrischen Graden bezeichnen möge. Es ist dann:

$$\varDelta i = \frac{1}{600} \cdot \frac{di}{dt} = -668 \text{ A}.$$

Damit können wir ein kurzes Stück der Stromkurve zeichnen (vgl. Abb. 8!) und wählen nun als Punkt *2* für unsere Konstruktion auf der soeben gezogenen Linie den durch $i_2 = 800$ A und $u_2 = 120$ V charakterisierten Punkt. Für diesen ist nun die gleiche Rechnung wie für den Punkt *1* zu wiederholen. Man erkennt bereits, daß sich einige Möglichkeiten finden, die zur Beschleunigung der Berechnungsarbeit beitragen können, z. B.:

Man kann ein für allemal die Funktion $x = i R + \Phi n K_1$ ausrechnen, und sie in Kurvenform, so wie in Abb. 7 dargestellt, aufzeichnen. Ebenso dürfte es sich lohnen, die Funktion $y = K_2 + \dfrac{d \Phi}{d i} K_3$, welche sogar für alle Drehzahlen gilt, als Kurve aufzustellen, wie ebenfalls in Abb. 7 durchgeführt wurde. Man könnte auch gleich, um den Wert Δi mit möglichst wenig Rechenarbeit zu ermitteln, die Werte von $600 \, y$ als Kurve aufzeichnen. Wie weit man mit solchen Hilfsmitteln geht, hängt allein von den persönlichen Gewohnheiten des Berechners ab. Im allgemeinen bringt die Verwendung der Funktionen x und y in Kurvenform keinen sehr großen Zeitgewinn, wenn man nicht nur die Momentanwerte des Stromes, sondern auch die der anderen elektrischen und magnetischen Größen zu berechnen hat, wie es doch in der Regel der Fall sein wird.

Bei der Fortsetzung der Konstruktion in dem angegebenen Sinne ergeben sich die in der Zahlentafel 1 aufgestellten Werte, und die in Abb. 8 konstruierte Linie. Wenn man die Konstruktion genügend weit fortsetzt, bis die Stromkurve endgültig gefunden ist, so stellt man fest, daß der hier besonders große Anfangsfehler schon etwa bei Punkt *11* praktisch vollkommen abgeklungen ist. Um diese Tatsache deutlich zu demonstrieren, wurde in der Abbildung die endgültig gefundene Stromkurve gestrichelt eingetragen. Das auffallend schnelle Abklingen des Anfangsfehlers erklärt sich daraus, daß 1000 Umdr/min die Höchstdrehzahl des Motors sind.

Nachdem die Momentanwerte des Stromes bekannt sind, ist die Berechnung der Momentanwerte aller übrigen Größen höchst einfach. Schon bei der Konstruktion der Stromkurve wurden ja die Momentanwerte von $i R$, Φ, $\Phi n K_1$ und $\dfrac{d i}{d t}$ ermittelt. Man hätte also den zeitlichen Verlauf jeder dieser Größen schon gleichzeitig mit der Konstruktion der Stromkurve aufzeichnen können. Ist das nicht geschehen, so wird man die Berechnung nachholen, nachdem die endgültige Stromkurve gefunden ist: Damit spart man Zeichenarbeit, hat aber etwas mehr zu rechnen, besonders wenn man für die Funktionen x und y mit fertigen Kurven gerechnet hat. Ferner wird es notwendig sein, die Momentanwerte der einzelnen Größen für bestimmte Zeitpunkte, die voneinander in gleichmäßigem Zeitabstand liegen, z. B. im Abstand von je fünf elektrischen Graden, auszurechnen, um später die Effektiv- und Mittelwerte bestimmen zu können. Alle diese Arbeiten machen keinerlei Schwierigkeiten, wenn erst einmal die Stromkurve vorhanden ist. Hierzu sind höchstens folgende Bemerkungen zu machen:

Zur Ermittlung von $\dfrac{d\Phi}{dt}$ könnte man die für die Werte von Φ erhaltene Kurve graphisch differentiieren. Vor diesem Verfahren ist zu warnen, weil es, wie fast alle graphischen Differentiationen, ein sehr ungenaues Ergebnis gibt. Es ist viel besser, wenn man $\dfrac{d\Phi}{dt}$ als das Produkt der beiden sehr genau bekannten Größen $\dfrac{d\Phi}{di}$ und $\dfrac{di}{dt}$ errechnet.

Die aufgenommene Leistung ist der Mittelwert der Momentanwerte des Produktes $u\,i$. Vernachlässigen wir zunächst die Eisen- und Reibungsverluste, die ja immer noch später berücksichtigt werden können, so ist die momentane Leistungsabgabe gleich dem Produkt $i\,\Phi\,n\,K_1$.

Wenn man die sogenannte Wattspannung mit u', wie üblich, und dementsprechend die wattlose mit u'' bezeichnet, so wird

$$u'' = \frac{di}{dt}\,K_2 + K_3\,\frac{d\Phi}{dt} \text{ und } u' = i\,R + \Phi\,n\,K_1.$$

Ferner muß in jedem Augenblick $u = u' + u''$ sein. Das gibt wieder eine Möglichkeit, die Richtigkeit der Berechnung nachzuprüfen.

Den Leistungsfaktor, dessen Definition bei nicht sinusförmigen Größen heute immer noch nicht endgültig festliegt, wird man hier wohl zweifellos als den Quotienten des Mittelwertes von $u\,i$ und dem Produkt der quadratischen Mittelwerte von u und i zu errechnen haben.

Die in dieser Weise von 5 zu 5 elektrischen Graden berechneten Momentanwerte der einzelnen Größen sind in der Zahlentafel 2 aufgezeichnet. Der mit 0 bzw. 180 elektrischen Grad bezeichnete Zeitpunkt ist in dieser Zahlentafel, ebenso wie in allen folgenden Abbildungen, stets derjenige, in dem die zeitliche Kurve der Klemmenspannung die Nullinie schneidet.

In der gleichen Weise, wie hier für den Betriebsfall $n = 1000$ Umdr/min und $U = 300$ V vorgeführt, wurde auch eine große Zahl anderer Betriebszustände des Motors durchgerechnet. Es sollen nun die dabei erhaltenen Ergebnisse etwas genauer betrachtet werden.

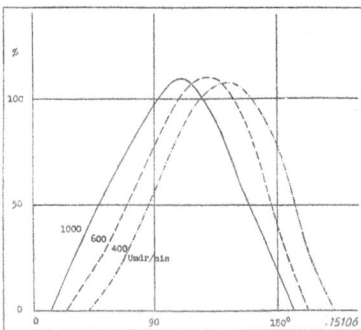

Abb. 9. Berechnete Stromkurvenformen eines 423-kW-Motors bei 300 V Klemmenspannung.

Von den graphisch errechneten Stromkurven sind einige in den

Abb. 9, 10 und 11 dargestellt. Um den Vergleich der Stromkurvenformen, auf den es ja hier vor allem ankommt, zu ermöglichen, mußte
dabei ein eigentümlicher Maßstab gewählt werden. Als Ordinaten
wurden nämlich nicht die momentanen Stromstärken selbst in A,
sondern nur ihr Verhältnis zum theoretischen Maximalwert eingetragen.
Unter dem theoretischen Maximalwert wird dabei diejenige Größe verstanden, die man erhält, wenn man den Effektivwert der betreffenden
Stromkurve mit $\sqrt{2}$ multipliziert. Erreicht also eine dargestellte Kurve
in der Abbildung die mit 110% bezeichnete Höhe, so bedeutet dies,
daß ihr Scheitelfaktor gleich 1,10 ist.

Der Vergleich zwischen den berechneten Stromkurven in den Abb. 9,
10 und 11 mit den oszillographierten der Abb. 1...4 zeigt, daß die Art

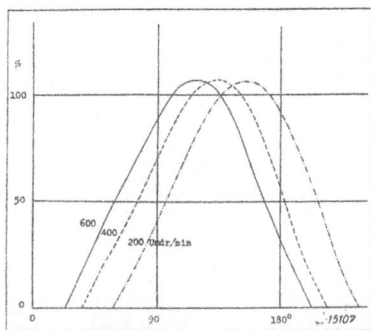

Abb. 10. Berechnete Stromkurvenformen
eines 423-kW-Motors bei 200 V Klemmenspannung.

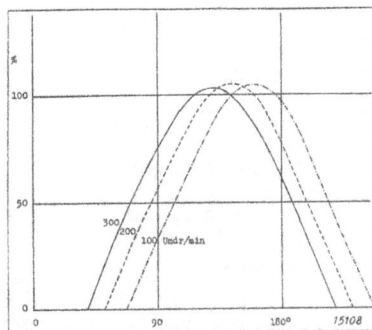

Abb. 11. Berechnete Stromkurvenformen
eines 423-kW-Motors bei 100 V Klemmenspannung.

der Abweichungen von der Sinuslinie tatsächlich überall die gleiche
ist. Wir sehen an den berechneten Kurven, wie bei kleinen Stromstärken
noch eine gute Sinusform vorhanden ist, wie dann mit zunehmender
Belastung die Kurve mehr dreieckähnlich wird, und wie schließlich bei
voller oder gar Überlast die charakteristische Kurvenform ausgebildet
ist, welche oben bei der Betrachtung der oszillographierten Stromkurven
bereits ausführlich beschrieben wurde. Wichtig ist, daß in den berechneten Kurven die Abweichungen von der Sinuslinie nicht größer sind
als in den oszillographierten: Wir erkennen daran, daß der Einfluß der
Kurzschlußströme, der ja alle zeitlichen Kurvenformen sinusähnlicher
zu gestalten bestrebt ist, nicht so bedeutend ist, daß er die Kurvenform
wesentlich ändert. In diesem Falle hätte nämlich, weil ja die Kurzschlußströme nicht berücksichtigt wurden, die ganze vorliegende Berechnung gar keinen praktischen Wert besessen. Da sich nun aber
herausgestellt hat, daß die berechneten Kurvenformen zweifellos viel
besser als reine Sinuslinien mit den Oszillogrammen übereinstimmen,
darf auch erwartet werden, daß das graphische Berechnungsverfahren
auch noch in mancher anderer Beziehung den Vorgängen im Einphasen-

Reihenschlußmotor besser gerecht wird als ein solches, das auf der Annahme rein sinusförmigen Verlaufs aller Größen beruht.

Viel deutlicher muß sich die Brauchbarkeit des graphischen Verfahrens an der zeitlichen Kurve des Wertes $\frac{di}{dt}$ erkennen lassen, weil diese, wie schon erwähnt wurde, alle Abweichungen von der Sinuslinie

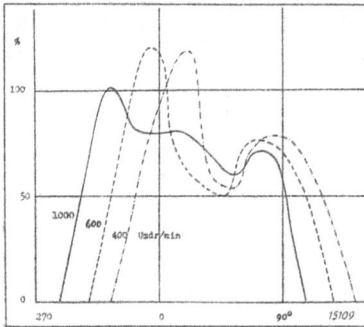

Abb. 12. Für einen 423-kW-Motor berechnete zeitliche Kurvenformen des Wertes $\frac{di}{dt}$ bei 300 V Klemmenspannung.

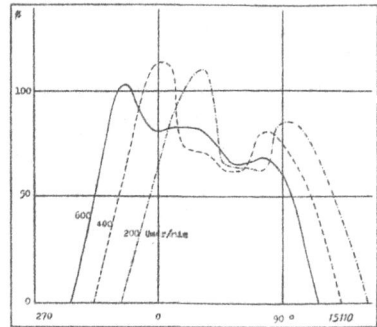

Abb. 13. Für einen 423-kW-Motor berechnete zeitliche Kurvenformen des Wertes $\frac{di}{dt}$ bei 200 V Klemmenspannung.

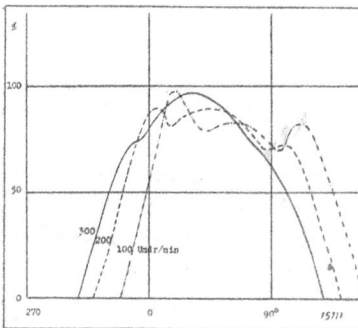

Abb. 14. Für einen 423-kW-Motor berechnete zeitliche Kurvenformen des Wertes $\frac{di}{dt}$ bei 100 V Klemmenspannung.

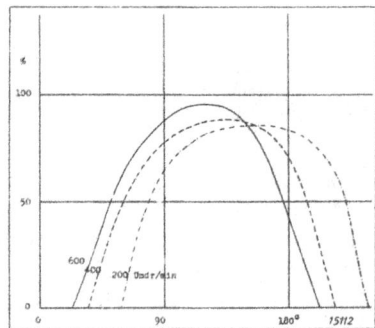

Abb. 15. Für einen 423-kW-Motor berechnete zeitliche Kurvenformen des Hauptpolflusses bei 200 V Klemmenspannung.

besser erkennen läßt als die Stromkurve selbst. Beispiele derartiger Differentiallinien zeigen die Abb. 12, 13 und 14, die wiederum an dem gleichen Motor errechnet wurden. Um den Vergleich der Kurvenformen zu erleichtern, wurde, ähnlich wie in den Abb. 9, 10 und 11, als Ordinate das Verhältnis des Momentanwertes zum theoretischen Maximalwert jeder Kurve aufgezeichnet. Die errechneten Kurven zeigen ebenso wie das Oszillogramm Abb. 5 die Einsattelung und die beiden Maxima, von denen das zeitlich vorangehende höher und spitzer ist als das folgende. Bei der Berechnung stellt sich übrigens heraus, daß die Breite der Einsattelung demjenigen Zeitraum entspricht, währenddessen sich die Maschine noch im geradlinigen Teil der Magnetisierungskurve befindet. Daher wird die Einsattelung mit zunehmendem effektivem Strom gleichzeitig schmäler und tiefer. Auf diese Weise besteht eine Möglichkeit, schon aus der Form der $\frac{di}{dt}$-Kurve auf den magnetischen Zustand der Maschine zu schließen.

Die Einsattelung ist bei den berechneten Kurven meistens schärfer begrenzt als bei oszillographisch aufgenommenen, so wie es auch die hier angeführten Beispiele zeigen. Die Ursache dieses Unterschiedes mag wieder der die Oberwellen dämpfende Einfluß der Kurzschlußströme sein: mindestens teilweise ist er aber auch durch die technischen Schwierigkeiten bei der Aufnahme derartiger Oszillogramme begründet: es ist eben praktisch kaum möglich, das Verhältnis zwischen ohmschem und induktivem Widerstand des Meßstromkreises so groß zu halten, daß in der aufgenommenen Kurve auch die höchsten Harmonischen noch richtig wiedergegeben werden. Trotzdem sind aber wieder die berechneten Kurven den oszillographierten weit ähnlicher als reinen Sinuslinien.

Die Abb. 15 bringt Beispiele von errechneten Kurven des zeitlichen Verlaufs des Hauptflusses. Sie bestätigen die bekannte Tatsache, daß sie nur dann als sinusförmig betrachtet werden dürfen, wenn das aktive Eisen noch nicht gesättigt ist. Bei großen Effektivströmen nähert sich die Kurvenform mehr einem Trapez.

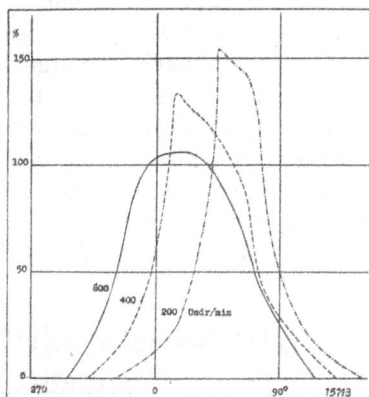

Abb. 16. Für einen 423-kW-Motor berechnete zeitliche Kurvenformen des Wertes $\frac{d\Phi}{dt}$ bei 200 V Klemmenspannung.

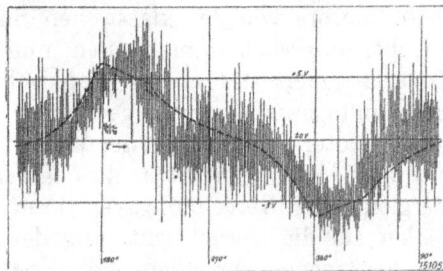

Abb. 17. Vergleich einer, für einen 423-kW-Motor berechneten und der dazu gehörigen oszillographierten zeitlichen Kurve des Wertes $\frac{d\Phi}{dt}$.

– – – Gerechnete Kurve des $\frac{d\Phi}{dt} \cdot 10^{-8}$

——— Oszillograph. „ „ „

Von besonders großer Bedeutung für das Betriebsverhalten des Motors sind die Kurven des zeitlichen Verlaufs der Größe $\frac{d\Phi}{dt}$. Von solchen Linien zeigt die Abb. 16 einige Beispiele. Ein Vergleich mit der oszillographierten Linie (Abb. 6), ist wegen der vielen in ihr enthaltenen

Oberwellen schwierig. Um ihn zu erleichtern, wurde in der Abb. 17 nochmals das gleiche Oszillogramm dargestellt und darin gleichzeitig auch die für denselben Betriebszustand errechnete Kurve in dem gleichen Maßstab eingezeichnet. Eine völlige Übereinstimmung beider Linien wurde selbstverständlich nicht erreicht und konnte auch nach den vielen Vernachlässigungen, die das angewandte Berechnungsverfahren noch immer enthält, nicht erwartet werden. Man erkennt aber doch, daß sowohl Berechnung wie Oszillogramm sehr spitze Kurvenformen aufweisen, und daß vor allem die Maximalwerte beider Kurven gut miteinander übereinstimmen: Darauf kommt es aber, wie aus den späteren Betrachtungen noch hervorgehen wird, ganz besonders an.

In allen Fällen ergab sich, daß man durch das graphische Berechnungsverfahren Kurvenformen erhält, welche den tatsächlichen, durch Oszillogramm bestätigten, näher stehen als reine Sinuslinien, so daß man die Aufgabe, die zeitlichen Kurvenformen des Einphasen-Reihenschlußmotors der Berechnung zugänglich zu machen, wohl mit einigem Recht als gelöst betrachten darf.

F. Das Betriebsverhalten bei Berücksichtigung der zeitlichen Kurvenformen.

1. Die Effektivwerte.

Um den Einfluß, den die Abweichung des zeitlichen Verlaufs der einzelnen elektrischen und magnetischen Größen des Einphasen-Reihenschlußmotors von der klassischen Sinuslinie auf das Betriebsverhalten ausübt, untersuchen zu können, und um außerdem ein Urteil über die Zuverlässigkeit des neuen graphischen, sowie der alten analytischen Berechnungsverfahren zu gewinnen, wurde der hier als Beispiel angeführte Motor auch in üblicher Weise unter der Voraussetzung rein sinusförmigen Kurvenverlaufs durchgerechnet. Um einen einwandfreien Vergleich der Berechnungsverfahren zu ermöglichen, mußte in beiden Fällen auf die Berücksichtigung der rechnerisch schlecht zugänglichen Erscheinungen, vor allem der Kurzschlußströme, verzichtet werden. Es handelt sich also nun darum, die Ergebnisse der beiden Berechnungsverfahren untereinander und mit der Wirklichkeit zu vergleichen.

Zunächst sollen die Effektivwerte der wichtigsten elektrischen Größen untersucht werden. Die Effektivwerte der Ströme, welche man nach den beiden Verfahren erhält, zeigen eine viel bessere Übereinstimmung, als man nach den vorgeführten Abweichungen von der Sinuskurve vielleicht erwartet hätte. Man erkennt aus der Abb. 18, daß die vorhandenen Abweichungen praktisch bedeutungslos sind.

Um die Magnetisierungskurve für Wechselstrom aus derjenigen für Gleichstrom zu errechnen, bestehen theoretisch zwei Möglichkeiten:

Entweder sucht man zu jedem Maximalstrom aus der Gleichstrom-magnetisierungskurve den zugehörigen Maximalfluß auf und erhält so die Kurve *a* der Abb. 19, oder man nimmt den zum Effektivwert des Stromes gehörigen Effektivfluß und multipliziert diesen mit $\sqrt{2}$: das ergibt die Kurve *b*. Man pflegt bei Einphasen-Reihenschlußmotoren schon seit langer Zeit nach dem bereits von Lydall angegebenen Verfahren mit dem arithmetischen Mittelwert der Kurven *a* und *b*, den die Linie *c* der Abb. 19 darstellt, zu rechnen. Wie aus der Abbildung hervorgeht, besitzt dieses Verfahren auch seine gute Berechtigung, wenigstens solange es nur auf den Effektivwert oder den theoretischen Maximalwert

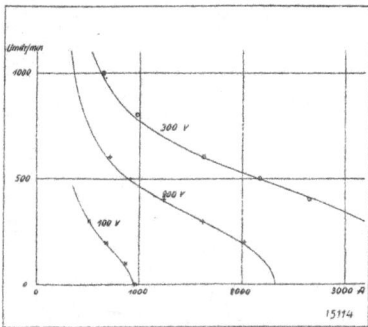

Abb. 18. Drehzahlkennlinien eines
423-kW-Motors.
—— analytisch berechnet
o   graphisch   „   für 300 V
+   „   „   „ 200 V
×   „   „   „ 100 V

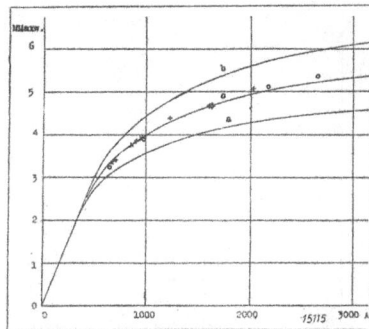

Abb. 19. Wechselstrom-Magnetisierungskurve eines 423-kW-Motors.
—— Berechnet unter Annahme sinusförmiger Kurven
o   graphisch berechnet für 300 V
+   „   „   „ 200 V
×   „   „   „ 100 V

des magnetischen Flusses ankommt. Nur bei hohen Effektivströmen sind die nach dem graphischen Verfahren ermittelten Flüsse etwas größer, so daß bei diesen oder bei sehr hoch im Eisen gesättigten Maschinen Vorsicht angebracht erscheint.

Für die Effektivwerte der Streuspannung, d. h. der Größe $\frac{di}{dt} K_2$, liefert das graphische Verfahren durchweg höhere Werte als das analytische, wie die Abb. 20 zeigt. Der Unterschied beträgt hier aber nur 6%, und zwar auch bei großen Effektivströmen nur wenig mehr, so daß seine Berücksichtigung wohl nur in Ausnahmefällen praktischen Wert haben dürfte. Die geringe Bedeutung des Unterschiedes fällt auf, wenn man an die starken Verzerrungen in der zeitlichen Kurvenform dieser Größe denkt, die in den Abb. 5, 12, 13 und 14 vorgeführt wurden.

Größere Unterschiede lassen sich bei den Effektivwerten der Selbst-induktionsspannung der Erregerwicklung, d. h. der Größe $\frac{d\Phi}{dt} K_3$, fest-stellen. Hier liefert gerade bei großen Effektivströmen, also hoher Eisensättigung, das graphische Verfahren schon merklich größere Werte

3*

als das analytische, wie aus der Abb. 21 hervorgeht. Es ist nicht weiter erstaunlich, daß sich die großen Spitzen in der Kurvenform des Wertes $\dfrac{d\Phi}{dt}$, die schon bei der Betrachtung der Abb. 16 auffielen, durch eine Erhöhung des Effektivwertes bemerkbar machen.

Für Bahnmotoren von besonderer Wichtigkeit ist das Drehmoment, welches sie unter Stromüberlastung an der Welle abgeben können. Auch hier zeigen sich nach Abb. 22 noch keine wesentlichen Unter-

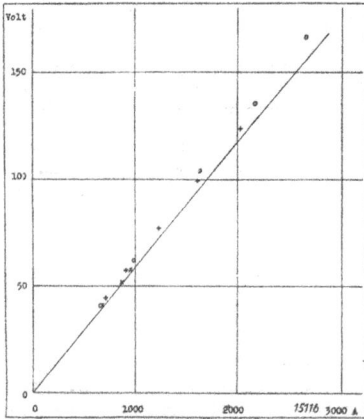

Abb. 20. Effektive Streuspannung eines
423-kW-Motors.
——— Berechnet unter Annahme sinusförmiger Kurven
o   graphisch berechnet für 300 V
+   ,,   ,,   ,, 200 V
×   ,,   ,,   ,, 100 V

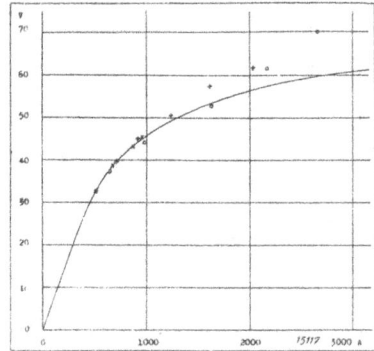

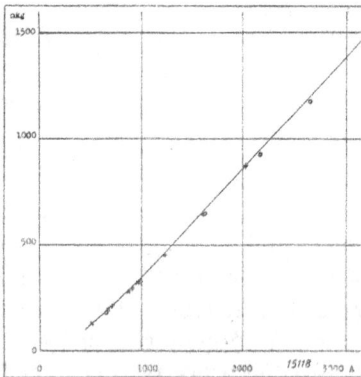

Abb. 21. Effektive Selbstinduktionsspannung der Feldwicklung eines 423-kW-
Motors.
——— Berechnet unter Annahme sinusförmiger Kurven
o   graphisch berechnet für 300 V
+   ,,   ,,   ,, 200 V
×   ,,   ,,   ,, 100 V

Abb. 22. Drehmoment eines 423-kW-
Motors.
——— Berechnet unter Annahme sinusförmiger Kurven
o   graphisch berechnet für 300 V
+   ,,   ,,   ,, 200 V
×   ,,   ,,   ,, 100 V

schiede zwischen den Ergebnissen der beiden Berechnungsverfahren, wenn auch unverkennbar die graphische Berechnung für die großen Effektivströme etwas kleinere Werte ergibt.

Die Berücksichtigung des von der Sinusform abweichenden Kurvenverlaufs lieferte also bei den bisher betrachteten Größen noch keine wesentlichen Unterschiede gegenüber den nach den üblichen Verfahren errechneten Werten. Höchstens bei den hohen Eisensättigungen stellten sich teilweise gewisse Abweichungen heraus, die zwar bei dem als Beispiel behandelten Motor noch keine praktische Bedeutung besaßen, sie aber vielleicht bei anderen Maschinen, deren Eisen höher ausgenutzt ist, gelegentlich gewinnen könnten. Es erscheint also bereits zweifelhaft, ob die Annahme zeitlich sinusförmigen Kurvenverlaufs für den Einphasen-Reihenschlußmotor in allen Fällen statthaft ist.

2. Der Leistungsfaktor.

Wie aus der Abb. 23 hervorgeht, errechnet man nach dem graphischen Verfahren namentlich für die hohen Klemmenspannungen und großen Stromstärken einen merklich kleineren Leistungsfaktor als bei

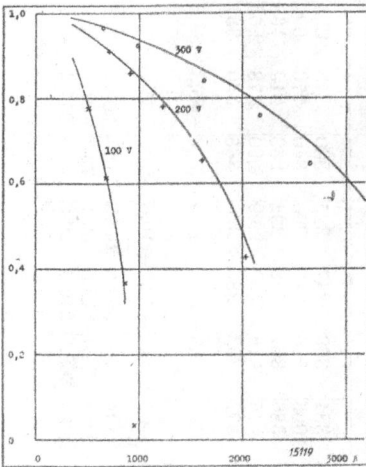

Abb. 23. Leistungsfaktor eines 423-kW-Motors.
—— Berechnet unter Annahme sinusförmiger Kurven
o graphisch berechnet für 300 V
+ „ „ „ 200 V
× „ „ „ 100 V

Annahme sinusförmigen Kurvenverlaufs. Schon in der Abbildung beträgt der Unterschied bei Stundenstrom 3% und nimmt mit steigender

Zahlentafel 1.

Punkt	2	3	4	5	6	7	8	9	10	11	12	13	14	15	16	—
u	120	150	175	232	256	283	300	330	375	400	417	424	417	407	400	V
i	800	600	500	400	410	430	460	500	600	700	800	900	1000	1020	1020	A
iR	6	4	3	3	3	3	3	3	4	5	6	6	7	7	7	V
Φ	2,84	2,42	2,09	1,68	1,72	1,80	1,93	2,09	2,42	2,65	2,84	2,98	3,14	3,17	3,17	MMaxw.
$\Phi n K_1$	358	305	264	212	218	227	243	264	305	334	358	376	395	400	400	V
$iR + \Phi n K_1$	364	309	267	215	221	230	246	267	309	339	364	382	402	407	407	V
$u - iR - \Phi n K_1$	—244	—159	—92	17	35	53	54	63	69	61	53	42	15	±0	—7	
$\frac{d\Phi}{di} K_3$	0,247	0,433	0,628	0,643	0,643	0,643	0,643	0,628	0,433	0,318	0,247	0,214	0,191	0,187	0,187	mH
y	0,809	0,995	1,190	1,205	1,205	1,205	1,205	1,190	0,995	0,880	0,809	0,776	0,753	0,749	0,749	mH
$\frac{di}{dt}$	—301	—160	—77,3	14,1	29,0	44,0	44,8	52,9	69,4	69,3	65,5	54,2	19,9	±0	—9,35	kA/sec
Ai	—502	—266	—129	23,5	48,3	73,3	74,8	88,2	115,7	115,5	109,0	90,3	36,2	±0	—15,6	A

Zahlentafel 2.

Zeitpunkt t	0	5	10	15	20	25	30	35	40	45	50	55	60	65	70	75	80	85	90	95
u	0	37,0	73,6	109,8	145,0	179,5	212,0	243,5	273	300	325	347	368	384	399	410	417	422	424	422
i	—185	—115	—50	20	85	155	220	290	350	410	465	520	570	625	680	740	795	850	910	950
$u\,i$	0	—4,3	—3,7	2,2	12,3	27,9	46,6	70,7	95,6	123	151	180,5	209,5	240	271	303	332	358	386	401
Φ	—0,76	—0,48	—0,20	0,09	0,34	0,63	0,92	1,22	1,42	1,71	1,94	2,18	2,33	2,48	2,60	2,72	2,82	2,92	3,02	3,07
$\Phi\,n\,K_1$	—95,7	—60,4	—25,2	11,3	42,8	79,3	116,0	152,2	178,8	215	244,5	275	294	313	327	343	355	367	380	387
$\dfrac{d\,i}{d\,t}\,K_2$	45,5	46,9	46,9	46,5	45,5	44,2	42,8	41,4	39,5	36,7	33,7	33,1	35,7	39,4	40,4	41,2	37,1	33,4	28,7	20,5
$\dfrac{d\,\Phi}{d\,t}\,K_3$	52,0	53,6	53,6	53,2	52,0	50,5	48,9	47,4	45,2	42,0	38,0	34,0	30,6	27,9	24,4	19,9	16,4	13,3	10,7	7,3
u'	—97,0	—61,2	—25,5	11,4	43,4	80,4	117,5	154,2	181,2	217,8	247,7	278,6	298	317	332	348	360	373	386,3	393,6
u''	97,5	100,5	100,5	99,7	97,5	94,7	91,7	88,8	84,7	78,7	71,7	67,1	66,3	67,3	64,8	61,1	53,5	46,7	39,4	27,8
$u' + u''$	0,5	39,3	75,0	111,1	140,9	175,2	219,2	243,0	265,9	296,8	319,7	345,7	364,3	384,3	396,8	409,1	413,5	419,7	425,7	421,4

t	100	105	110	115	120	125	130	135	140	145	150	155	160	165	170	175	Effektivwert	elektr. Grad
u	417	410	399	384	368	347	325	300	273	243,5	212	179,5	145	109,8	73,6	37,0	300	V
i	990	1005	1015	1005	980	945	900	840	770	690	605	520	450	390	320	250	654	A
$u\,i$	413	412	405	386	361	328	292	252	210	168	128,3	93,2	65,3	42,8	23,6	9,2	188,7	kW
Φ	3,13	3,15	3,16	3,15	3,12	3,07	2,99	2,90	2,78	2,63	2,43	2,17	1,87	1,63	1,35	1,05	2,284	MMaxwell
$\Phi\,n\,K_1$	394	397	398	397	393	386	376	365	350	331	306	273	235	205	170	137,2	288	V
$\dfrac{d\,i}{d\,t}\,K_2$	12,5	4,7	—3,7	—13,5	—23,3	—33,7	—43,5	—51,6	—55,3	—58,6	—56,0	—52,8	—49,8	—47,5	—45,5	—45,5	40,5	V
$\dfrac{d\,\Phi}{d\,t}\,K_3$	4,3	1,6	—1,2	—4,5	—8,1	—12,1	—16,6	—21,1	—25,9	—34,3	—42,6	—54,8	—57,0	—54,3	—52,0	—52,0	37,3	V
u'	400,8	404	405	404	400	392,6	382,3	371	355,4	336	310	276,6	238	207,7	172,2	138,9	292,6	V
u''	16,8	6,3	—4,9	—18,0	—31,4	—45,8	—60,1	—72,7	—81,2	—92,9	—98,6	—107,6	—106,8	—101,8	—97,5	—97,5	76,6	V
$u' + u''$	417,6	410,3	400,1	386,0	368,6	346,8	322,2	298,3	274,2	243,1	211,4	169,0	131,2	105,9	74,7	41,4	—	V

Belastung immer weiter zu. Bei niedrigen Klemmenspannungen dagegen spielt er kaum eine Rolle. Wie die bisher gebrachten Abbildungen zeigen, treten die Abweichungen der Kurvenformen von der Sinuslinie ebenfalls gerade bei hohen Klemmenspannungen und großen Stromstärken am ausgeprägtesten auf. Man erkennt daraus, daß die Abweichungen von der Sinuslinie die Ursache des schlechten Leistungsfaktors sind, weil jeder induktive Widerstand in der Maschine für eine Harmonische von $n$ter Ordnung $n$mal größer ist als für die Grundwelle.

Daß man bei Einphasen-Reihenschlußmotoren öfters einen etwas schlechteren Leistungsfaktor findet, als der Berechnung entspricht, wird jedem Berechner bekannt sein. Bestimmt man aber den Leistungs- faktor durch einen Leistungsfaktorzeiger, so erhält man oft das entgegen- gesetzte Ergebnis. Dieser scheinbare Widerspruch klärt sich ohne weiteres auf, wenn man berücksichtigt, daß der größte Unterschied zwischen berechnetem und tatsächlichem Leistungsfaktor gleichzeitig mit den größten Abweichungen der zeitlichen Kurvenform von der Sinuslinie auftritt, und daß nach Weber[1]) in diesem Falle der Leistungs- faktorzeiger stets zu günstige Werte angibt.

3. Die Drehzahl.

Es wurde erwähnt, daß der Einphasen-Reihenschlußmotor mei- stens einen etwas steileren Abfall der Drehzahlkennlinien zeigt, als man bei der Annahme durchweg sinusförmigen Kurvenverlaufs errechnet. Betrachtet man die Abb. 18 nochmals genau, so finden wir, daß die graphische Berechnung tatsächlich den steileren Abfall bestätigt. Auch die Messung ergab eine völlige Übereinstimmung mit den graphisch errechneten Werten, dabei ist aber zu berücksichtigen, daß die Genauig- keit solcher Drehzahlmessungen im Prüffeld nicht groß genug ist, um aus einem derartigen Ergebnis weitgehende Schlüsse zu ziehen. Viel wertvoller ist die Erkenntnis, daß die graphisch errechneten Kenn- linien von den nach den üblichen analytischen Verfahren ermittelten in derselben Art und Größenordnung abweichen wie die tatsächlichen, auch wenn der Drehzahlunterschied an sich noch so gering ist, daß er praktisch bedeutungslos bleibt.

4. Die Stromwendung.

Bei der Stromwendung des Einphasen-Reihenschlußmotors spielt zunächst die Reaktanzspannung der kommutierenden Windung die gleiche Rolle wie bei der Gleichstrommaschine. Setzt man eine gerad- linige Stromwendung voraus, wie man sie ja stets anzustreben hat, so läßt sich nach Pichelmayer die Reaktanzspannung angenähert durch folgende Formel ausdrücken:

$$e_R = \xi \cdot AS \cdot v \cdot 2\,l \cdot w \cdot 10^{-6}\,\mathrm{V} \quad . \quad . \quad . \quad . \quad 15)$$

[1]) Lit.-Verz. 15.

Durch die Abmessungen der Maschine sind l und w, und durch die Drehzahl wird v bestimmt. Für die heutigen Einphasen-Bahnmotoren wird man meistens $\xi = 7,5$ zu setzen haben. Da AS der momentanen Stromstärke proportional ist, erhält die Reaktanzspannung stets die gleiche zeitliche Kurvenform wie der Strom, d. h. sie weicht von der Sinuslinie um so mehr ab, je größer Effektivstrom und Klemmenspannung werden, so wie es die Stromkurven in den Abb. 1, 2, 3, 4, 9, 10 und 11 zeigen.

Da die Reaktanzspannung nach Gleichung 15) dem Produkt von Momentanstrom und Drehzahl proportional ist, wäre auch die Abweichung der Drehzahlkennlinie von der bei sinusförmigem Kurvenverlauf berechneten zu berücksichtigen. Hier hat es jedoch keinen Zweck, auf diese geringfügigen Unterschiede einzugehen, weil die Pichelmayersche Formel immer nur eine, wenn auch im praktischen Gebrauch bestens bewährte, Annäherungsrechnung darstellt.

Wenn der Wendepolwicklung kein ohmscher Widerstand parallelgeschaltet ist, das Wendepoleisen sowie der Statorrücken einen ausreichend großen Querschnitt besitzen, und wenn die Streuungen des Wendeflusses vernachlässigt werden dürfen, dann ist der Wendefluß dem Strom auch bezüglich der Momentanwerte stets proportional. Deshalb ist beim Einphasen-Reihenschlußmotor ein Ausgleich der Reaktanzspannungen durch vom Wendefluß induzierte Spannungen auch für jeden Momentanwert ebensogut möglich wie bei der Gleichstrommaschine, selbst wenn die Kurvenform des Stromes ganz bedeutend von der Sinuslinie abweicht.

Ganz andere Verhältnisse bestehen jedoch bei der Transformatorspannung. Ihre Momentanwerte sind proportional der Größe $\frac{d\Phi}{dt}$, also ist ihre zeitliche Kurvenform diejenige der Differentiallinie des zeitlichen Verlaufs des Hauptpolflusses, d. h. die gleiche wie die der Abb. 6, 16 und 17. Sie weicht aufs stärkste von der Sinuslinie ab, und zwar fallen namentlich die hohen Maximalwerte auf. Das graphische Berechnungsverfahren muß also für die Maximalwerte der Transformatorspannung ganz andere Größen liefern als die üblichen, auf der Annahme sinusförmigen Kurvenverlaufs beruhenden analytischen Berechnungsverfahren. Diese Überlegung wird durch die Abb. 24 bestätigt: Das graphische Verfahren liefert Werte, die schon bei Stromstärken, welche im Bahnbetrieb noch gelegentlich ausgenutzt werden müssen, etwa die doppelte Höhe der bei sinusförmigem Kurvenverlauf berechneten erreichen. Gegenüber diesen gewaltigen Unterschieden in den Maximalwerten erscheint die Abweichung zwischen den nach den verschiedenen Berechnungsverfahren ermittelten Effektivwerten der Transformatorspannung noch nicht so bedeutend: Sie ist ja die gleiche wie die zwischen den theoretischen Maximalwerten der Hauptpolflüsse, welche in Abb. 21

bereits gezeigt wurde. In den effektiven Transformatorspannungen findet man also erst dann einen bemerkenswerten Unterschied, wenn die Sättigung des aktiven Eisens über die Grenze hinausgeht, die der als Beispiel durchgerechnete Motor etwa bei Stundenstrom erreicht.

Die Unterschiede zwischen den Ergebnissen der verschiedenen Berechnungsverfahren sind also bei den Effektivwerten der Transformatorspannung noch nicht sehr groß, bei den Maximalwerten dagegen ganz bedeutend. Um daraus Rückschlüsse auf die Stromwendung ziehen zu können, ist zunächst die Frage zu erörtern, ob Effektiv- oder Maximalwert einer zwischen benachbarten, in Stromwendung befindlichen Kommutatorsegmenten auftretenden Spannung maßgebend für den Kommutierungsvorgang ist. Die Antwort hat Heinrich gegeben[1]): Bei fast allen heutigen Bahnmotoren ist die Zeit, während der sich ein Kommutatorsegment von der auflaufenden Kante der Kohlebürste bis zur ablaufenden bewegt, stets äußerst klein im Vergleich zur Netzfrequenz. Dieses Verhältnis beträgt bei der höchsten Betriebsdrehzahl gewöhnlicher Bahnmotoren etwa 1 : 150. Auf den Stromwendungsvorgang einer Ankerspule können stets nur diejenigen Spannungen von Einfluß sein, welche während des Vorganges selbst in der Spule induziert werden. Daher braucht eine Transformatorspannungsspitze nur die Dauer von rund $1/_{150}$ Periode zu

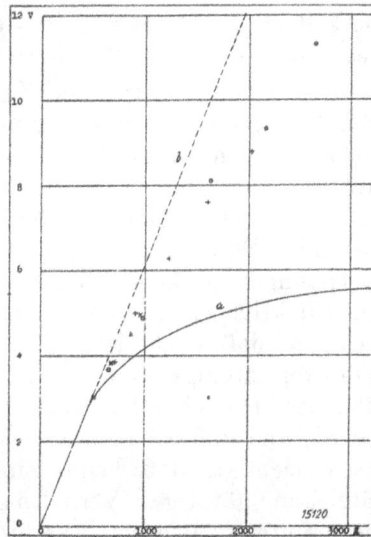

Abb. 24. Maximale Transformatorspannungen eines 423-kW-Motors.
——— Berechnet unter Annahme sinusförmiger Kurven
o   graphisch berechnet für 300 V
+   „   „   „ 200 V
×   „   „   „ 100 V

besitzen, um doch auf die gerade während dieser Zeit unter den Kohlebürsten befindlichen Kommutatorsegmente bezüglich der Funkenbildung ebenso zu wirken wie eine Gleichspannung von derselben Höhe. Die Stärke der Funkenbildung ist also nicht vom Effektivwert sondern vom Momentanwert der Transformatorspannung abhängig. Mit dem Auge kann'man die zeitliche Dauer der Funken nicht abschätzen, also nicht beurteilen, ob das Kommutierungsfeuer während eines großen oder kleinen Teiles einer Periode besteht. Nur im ersteren Falle ist eine unzulässige Abnutzung von Kohlen und Kommutator zu befürchten, auch wenn im letzteren Falle das Kommutierungsfeuer manchmal bedenklich aussehen mag. Der Verschleiß ist also nicht nur eine Funktion des Maximalwertes der Kommutierungsspannung, sondern auch irgendwie vom

[1]) Lit.-Verz. 6, S. 150.

Effektivwert abhängig. Wenn man aber erwägt, daß unterhalb einer
gewissen Segmentspannung, deren Höhe vom Arbeitsvermögen der
benutzten Kohlensorte abhängt, überhaupt noch kein Feuern eintritt,
und daß oberhalb dieser Grenze schon eine kleine Zunahme der Spannung das Bürstenfeuer wesentlich verstärkt, so muß angenommen werden, daß für den Verschleiß von Kohle und Kommutator ein Wert maßgebend ist, der zwischen Effektiv- und Maximalwert der Segmentspannung, jedoch dem letzteren offenbar weit näherliegt. Die heutigen
Erfahrungen sind noch immer nicht groß genug, um diese, für die Brauchbarkeit eines Motors meistens ausschlaggebenden Beziehungen der Berechnung besser zugänglich zu machen.

Der Effektivwert der Transformatorspannung ist also für das
Bürstenfeuer in keiner Weise maßgebend. Die Güte der Stromwendung
ist vielmehr nach den Maximalwerten zu beurteilen, die in der Abb. 24
aufgezeichnet sind. Der durchgerechnete Motor besitzt keinerlei Einrichtungen zur Aufhebung der Transformatorspannung in der kommutierenden Windung. Er arbeitet unterhalb des Stundenstroms bei allen
Belastungen praktisch funkenfrei und zeigt starkes Bürstenfeuer erst
bei Effektivströmen über etwa 3000 A. Daraus wäre als Anhalt zu entnehmen, daß nach dem graphischen Verfahren errechnete maximale
Transformatorspannungen bis zu einer Höhe von 8 V bei den heute
üblichen Kohlebürsten noch eine funkenfreie Stromwendung ermöglichen, und daß solche von mehr als 12 V unzulässig sind. Wenn man
berücksichtigt, daß beim Einphasen-Reihenschlußmotor in mancher
Beziehung günstigere Verhältnisse vorliegen als bei den für Dauerbetrieb
bestimmten ortsfesten Maschinen[1]), so mag man in der Erfahrung,
daß nach Oszillogrammen die bei Gleichstrommaschinen zulässigen
momentanen Maximalwerte der Segmentspannungen etwa 60...70%
der obigen Zahlen betragen, eine gute Bestätigung für die obigen Berechnungen und Überlegungen erblicken.

Es wurde erwähnt, daß bei den Einphasen-Reihenschlußmotoren
das Bürstenfeuer mit steigendem Effektivstrom stets viel schneller zu-
nimmt, als man bei Annahme sinusförmigen Kurvenverlaufs errechnet.
Diese Beobachtung wird also durch die graphische Berechnung voll
bestätigt, denn die Abb. 24 zeigt auch bei großen Effektivströmen ein
scharfes Ansteigen derjenigen maximalen Transformatorspannungen,
die graphisch ermittelt wurden. Hier zeigt also nur die graphische
Berechnungsmethode, aber nicht die analytische, eine ausreichende Übereinstimmung mit der Wirklichkeit. Ferner ist darauf hinzuweisen, daß
nach Abb. 21 auch schon die Effektivwerte der Transformatorspannungen
für große Stromstärken wesentlich schneller ansteigen, als man bei
Voraussetzung sinusförmigen Kurvenverlaufs errechnet.

[1]) Lit.-Verz. 6, S. 129, 149/150.

Wenn bei größeren Stromstärken eine Sättigung des aktiven Eisens der Maschine nicht eintreten würde, so verliefen alle Kurven genau sinusförmig, und man würde als maximale Transformatorspannung die in der Abb. 24 gestrichelt eingezeichnete Linie *b* erhalten. Würde man mit den durch diese Linie gegebenen Werten rechnen, so wäre das Ergebnis zwar für die höchsten im Betrieb noch zu erwartenden Stromstärken ungünstiger, als der Wirklichkeit entspricht, aber der Fehler wäre doch noch kleiner als der, den man bei der Benutzung der üblichen analytischen Berechnungsverfahren macht, da die graphisch berechneten Punkte in Abb. 24 wenigstens in dem wichtigsten Arbeitsgebiet der Linie *b* näher liegen als der Kurve *a*.

Außerdem rechnet man in der Technik lieber mit Werten, die ungünstiger sind als die Wirklichkeit, statt mit solchen, welche zu gute Eigenschaften von der Maschine erwarten lassen und dann die Ursache von Mißerfolgen bilden können.

Es ist in vielen Fällen erforderlich, nicht nur jede in der kommutierenden Windung auftretende Spannung einzeln für sich zu betrachten, sondern die Summe aller Spannungen zu untersuchen. Das ist dann z. B. der Fall, wenn der Wendepol durch eine besondere Schaltung gleichzeitig die Reaktanz- und Transformatorspannung aufheben soll. Soll diese Wirkung in vollkommener Weise erreicht werden,

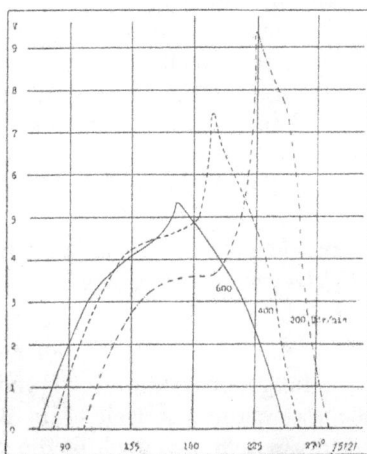

Abb. 25. Für einen 422-kW-Motor berechnete zeitliche Kurven der Summe von Reaktanz- und Transformatorspannung in der kommutierenden Windung. Klemmenspannung 200 V.

so muß der Wendefluß die gleiche zeitliche Kurvenform erhalten wie die Summe von Reaktanz- und Transformatorspannung. Von den zeitlichen Kurvenformen dieser Größe, die wegen ihrer eigentümlichen Gestalt auffallen, gibt Abb. 25 einige Beispiele. In ihnen ist die scharfe Spitze der Transformatorspannung noch stark ausgeprägt, am meisten selbstverständlich wieder bei großem Effektivstrom. Ein genau oder angenähert sinusförmiger Wendefluß ist also zum Ausgleich dieser Segmentspannungen nicht geeignet, denn selbst wenn der Wendefluß in der kommutierenden Windung eine Spannung induzieren würde, die den genau gleichen Effektivwert wie die Summe von Reaktanz- und Transformatorspannung besitzen würde und gegen sie in der Phase um genau 180° verschoben wäre, so würde doch immer noch eine Restspannung von sehr unregelmäßiger Form übrigbleiben, in der vor allem die dritte Harmonische besonders stark ausgeprägt ist. Bei großem Effektivstrom können diese Restspannungen eine solche Höhe erreichen, daß sie eine funkenfreie

Stromwendung unmöglich machen. Dabei kommt es wieder vor allem auf den Maximalwert der Restspannungen an. Ihn kann man unter Umständen verringern, wenn man die Phase oder Größe des sinusförmig angenommenen Wendeflusses gegenüber dem Werte ändert, der einen genauen Ausgleich des Effektivwertes der Summe von Reaktanz- und Transformatorspannung ergeben würde.

Wenn parallel zur Wendepolwicklung ein Ohmscher Widerstand gelegt wird, so dämpft dieser die höheren Harmonischen im Wendefluß ab, macht also die zeitliche Kurvenform des Wendeflusses sinusähnlicher und damit gerade zum Ausgleich der Transformatorspannungsspitze noch ungeeigneter. So erklärt es sich, daß die üblichen Vektordiagramme, symbolischen Methoden u. dgl., die ja stets nur die Grundwelle jeder Größe berücksichtigen, zur Ermittlung des günstigsten Wertes für den Parallelwiderstand und der Wendepolwicklung nicht mehr ausreichen konnten[1]), nachdem man zu höherer Ausnutzung des aktiven Eisens übergegangen war.

In diesem Zusammenhang sei noch erwähnt, daß für die Summe von Reaktanz- und Transformatorspannung trotz der unregelmäßigen Kurvenformen das graphische Berechnungsverfahren nahezu die gleichen Effektivwerte liefert wie die anderen Methoden.

5. Das Rundfeuer.

Maßgebend für die Rundfeuersicherheit einer Maschine ist die höchste Spannung, welche im Betrieb an irgendeiner Stelle des Kommutators zwischen benachbarten Segmenten auftreten kann. Infolge der großen Umfangsgeschwindigkeiten der heutigen Bahnmotoren kommt es dabei wieder nicht auf den effektiven, sondern den maximalen Wert der betreffenden Spannung an, wie bereits erwähnt wurde. Daher spielt die Kurvenform dieser Segmentspannungen eine wichtige Rolle.

Beim Einphasen-Reihenschlußmotor ergibt sich die Rundfeuerspannung als die Summe von der in der betreffenden Ankerspule induzierten Rotations- und Transformatorspannung. Der zeitliche Verlauf der Rotationsspannung ist der gleiche wie derjenige des Hauptpolflusses, entspricht also der Abb. 15. Obwohl diese Kurven sehr flach gestaltet sind, wie es für die Rundfeuersicherheit von Vorteil

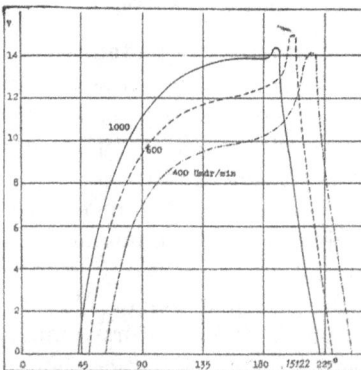

Abb. 26. Für einen 423-kW-Motor berechnete zeitliche Kurven der höchsten Segmentspannungen (Rundfeuerspannungen). Klemmenspannung 300 V.

[1]) Lit.-Verz. 8. S. 1803.

ist, machen sich doch die scharfen Spitzen der Transformatorspannung auch in der Rundfeuerspannung noch deutlich bemerkbar. Die Abb. 26 zeigt dafür einige Beispiele, die deutlich erkennen lassen, daß der für die Rundfeuersicherheit maßgebende Maximalwert durch die Spitzen der Transformatorspannung wesentlich erhöht werden kann. Bei dem als Beispiel durchgerechneten Motor liegen zwar die Segmentspannungen derartig niedrig, daß eine gute Rundfeuersicherheit noch gewährleistet erscheint und im Betrieb auch tatsächlich erreicht wurde. Trotzdem ist sie aber infolge der Transformatorspannungsspitzen kleiner, als man bei Voraussetzung eines sinusförmigen Kurvenverlaufs errechnet.

G. Gesichtspunkte für Entwurf und Untersuchung.

1. Die Form der Gleichstrom-Magnetisierungskurve und ihre Bedeutung.

Die vorgenommenen Untersuchungen zeigten, daß die Einflüsse, welche die Abweichungen der zeitlichen Kurvenformen von der Sinuslinie auf das Betriebsverhalten des Motors ausüben, nicht in allen Fällen bei der Berechnung vernachlässigt werden dürfen, weil sie zu mancher unerwünschten Erscheinung und sogar zu schweren Störungen führen können: Sie bilden die Ursache einer kleinen Verminderung des Drehmomentes, einer etwas größeren Verschlechterung des Leistungsfaktors, steigern die Kommutierungsspannungen und damit das Bürstenfeuer ganz wesentlich und können schließlich Rundfeuer hervorrufen. Sie stellen also in jeder Beziehung eine Verschlechterung der Maschine dar, so daß man bestrebt sein wird, neue Motoren so zu entwerfen, daß alle zeitlichen Kurvenformen der Sinuslinie bei allen Belastungszuständen so ähnlich wie möglich bleiben.

Es ist bekannt, daß die Größe der Abweichungen von der Sinuslinie durch die Gestalt der Gleichstrom-Magnetisierungskurve bestimmt wird, denn alle Kurvenformen verzerren sich um so mehr, je weiter die Magnetisierungskurve von der geraden Linie abweicht. Daher wäre eine möglichst geradlinige Magnetisierungskurve stets anzustreben: Zu erreichen ist sie jedoch bei technischen Motoren nicht, weil wirtschaftliche Gründe zur magnetischen Ausnutzung des aktiven Eisens zwingen. Man hat also zu versuchen, der Kurve wenigstens eine möglichst gestreckte Form zu geben.

Das einfachste und dabei wirksamste Mittel zur Streckung der Magnetisierungskurve ist die Vergrößerung des Luftspalts. Um zu erkennen, in welchem Maße man damit Abweichungen der zeitlichen Kurvenform von der Sinuslinie verringert, braucht man nur nochmals die Abb. 24 genauer zu untersuchen. In ihr stellt die Kurve *a* die Maximalwerte der Transformatorspannungen dar, welche man bei der Annahme sinusförmigen Kurvenverlaufs errechnet. Sieht man vom Ordinatenmaßstab ab, so kann man die Kurve auch ohne weiteres als die Wechselstrom-Magnetisierungskurve des Motors betrachten.

Die tatsächlichen Maximalwerte der Transformatorspannung, welche das graphische Berechnungsverfahren geliefert hat, liegen höher als die Kurve *a*, und zwar um so mehr, je stärker die Maschine im Eisen gesättigt ist. Sie sind jedoch stets kleiner als die von der Linie *b* angegebenen Größen. Daher übertrifft die tatsächliche maximale Transformatorspannung den von der Kurve *a* angegebenen, also den unter Voraussetzung sinusförmigen zeitlichen Kurvenverlaufs errechneten Wert um so mehr, je größer der Abstand zwischen den Linien *a* und *b* ist. Will man also wissen, wie stark etwa die zeitlichen Kurvenformen von der Sinuslinie abweichen werden, so braucht man nur die Wechselstrom-Magnetisierungskurve der Maschine aufzuzeichnen und ihr geradliniges Anfangsstück zu verlängern, damit man den Abstand der beiden Linien beurteilen kann.

Wenn man den Luftspalt einer Maschine vergrößert, so steigt die Magnetisierungskurve in ihrem geradlinigen Teil weniger steil an, erreicht aber infolge der Eisensättigung bei großen Effektivströmen nahezu die gleichen Werte wie vorher. Für den unter starkem Strom arbeitenden Motor ergibt sich also nur eine unbedeutende Verringerung von *a*, d. h. des Effektivwertes der Transformatorspannung, des theoretischen Maximalwertes des magnetischen Flusses und daher auch des Drehmomentes, dafür aber eine starke Verkleinerung von *b*, d. h. eine kräftige Herabsetzung der maximalen Transformatorspannung, weil nunmehr die Linien *a* und *b* einander nähergerückt sind, und daher alle Abweichungen der zeitlichen Kurvenformen von der Sinuslinie kleiner sein müssen als sie vor der Vergrößerung des Luftspaltes waren. Da der Maximalwert der Transformatorspannung für Stromwendung und Rundfeuersicherheit maßgebend ist, ist zu erwarten, daß man die Stromwendung und die Rundfeuersicherheit durch Ändern des Luftspaltes in hohem Maße beeinflussen kann, ohne gleichzeitig das Drehmoment wesentlich zu vergrößern oder zu verkleinern.

Diese Zusammenhänge sind aus der Erfahrung längst bekannt. Viele Einphasen-Reihenschlußmotoren, die gänzlich unzulässiges Bürstenfeuer und sogar gelegentlich Rundfeuer zeigten, konnten durch bloßes Nacharbeiten des Luftspaltes brauchbar gemacht werden. Daher ist man vielfach dazu übergegangen, schon bei der Herstellung des Motors Ankerumfang und Ständerbohrung zu bearbeiten, damit die richtige Luftspaltgröße unter allen Umständen gewährleistet ist. Bei sachgemäßer Bearbeitung ist die Vergrößerung der Eisenverluste, welche durch die Überbrückung der Blechisolation dabei eintritt, so gering, daß sie kaum zu bemerken ist. Man nimmt sie mit Recht lieber in Kauf als die hohen zusätzlichen Verluste und anderen schweren Nachteile, die bei zu kleinem oder unregelmäßigem Luftspalt zu erwarten sind.

Das Verringern der Transformatorspannung und die daraus folgende Verbesserung der Stromwendung ohne eine gleichzeitige Verkleinerung des Drehmomentes ist nicht zu erklären, wenn man, wie es bei den alten Berechnungsverfahren geschieht, die zeitlichen Kurvenformen vernachlässigt, also nur mit Effektivwerten rechnet, und daher maximale Transformatorspannung und Hauptpolfluß einander proportional setzt. Die alten Berechnungsverfahren liefern daher in dieser Beziehung Ergebnisse, welche im Widerspruch zur praktischen Beobachtung stehen. Die Ergebnisse des graphischen Verfahrens dagegen stimmen mit der Erfahrung gut überein.

Wenn man die Kurvenformen durch eine Vergrößerung des Luftspaltes sinusähnlicher gestalten kann, so ist es selbstverständlich, daß man sie umgekehrt durch eine Verkleinerung verschlechtern muß. Halbgeschlossene Ankernuten bedeuten gegenüber offenen elektrisch eine Verkleinerung des Luftspaltes, bringen also auch manchen Nachteil mit sich. Starke Abweichungen von der Sinuslinie bedingen nach Abb. 23 eine Verschlechterung des Leistungsfaktors, so daß ein kleiner Luftspalt nicht immer den cos φ zu verbessern braucht. Es gibt vielmehr für jeden Motor stets einen günstigen Luftspalt, von dem man weder nach oben noch nach unten weit abweichen darf, wenn die Leistungsfähigkeit der Maschine voll ausgenutzt werden soll.

Die gleiche Wirkung, wie durch Ändern des Luftspaltes, erreicht man auch durch Schwächen oder Verstärken der Erregerwicklung. Gibt man z. B. dem als Beispiel durchgerechneten Motor nur die halbe Anzahl von Erregerwindungen, so wäre in der Abb. 24 der Maßstab der Abszissen zu ändern, und zwar im Verhältnis 2 : 1, da nun erst ein Strom von 2000 A den gleichen magnetischen Zustand herbeiführt wie vorher die Stromstärke 1000 A. Hätte man aber den alten Abszissenmaßstab beibehalten, so wären die Linien a und b neu zu zeichnen, und zwar würden sie nunmehr ebenso verlaufen, wie wenn man die Erregung nicht geändert, dafür aber den Luftspalt verdoppelt hätte. Es zeigt sich also, daß in bezug auf alle hier betrachteten Erscheinungen jede Änderung der Erregung genau den gleichen Einfluß besitzt wie eine Verstellung des Luftspaltes, wobei der Vermehrung der Erregerwindungszahlen im Verhältnis 1 : n eine Änderung des Luftspaltes im Verhältnis n : 1 entspricht. Auch diese Überlegung ist längst durch die Erfahrung bestätigt: Bei einer Reihe von Lokomotivmotoren kann man die Erregung durch Bürstenverschiebung innerhalb gewisser Grenzen ändern, da der Wendepol hierzu breit genug ist. Es zeigte sich, daß diejenigen Motoren, deren Luftspalt kleiner ausgefallen war, schlechter kommutierten als die anderen, aber durch schwächeres Erregen mittels der Bürsteneinstellung auf genau den gleichen Stromwendungszustand wie die übrigen zu bringen waren, ohne daß dabei irgendwelche Schwierigkeiten auftraten.

Wenn sich beim Entwurf eines neuen Motors aus der Form der Magnetisierungskurve ergibt, daß durch die Abweichung der zeitlichen Kurvenformen von der Sinuslinie noch keinerlei Störungen zu befürchten sind, so hat es gar keinen Zweck, die zeitlichen Kurvenformen nachzurechnen. In diesem Falle bleiben also die alten Berechnungsverfahren in vollem Umfange brauchbar. Ist man aber aus wirtschaftlichen Gründen zur Anwendung höherer Eisensättigungen gezwungen, wie es bei großen Motoren oft der Fall sein wird, so ist die kleine Mühe kaum zu umgehen, daß man sich die Magnetisierungskurve der Maschine einmal aufzeichnet, um danach die Größe der zu erwartenden Abweichungen der zeitlichen Kurvenformen von der Sinuslinie abschätzen zu können. Sind sie sehr groß, und erscheint eine Vergrößerung des Luftspaltes oder eine Verringerung der Erregung aus anderen Gründen nicht mehr angebracht, so wird man mittels des graphischen Verfahrens die Kurvenformen genauer untersuchen müssen. Hierzu genügt es aber völlig, wenn man einen einzigen Betriebspunkt nachrechnet, und der dazu erforderliche Zeitaufwand ist gering.

2. Die Verbesserung der Stromwendung und der Rundfeuersicherheit durch zusätzliche Mittel.

Innerhalb gewisser Grenzen lassen sich die für die Maschine gefährlichsten Abweichungen der zeitlichen Kurvenformen von der Sinuslinie durch zusätzliche Einrichtungen noch nachträglich abdämpfen. Das wichtigste Mittel hierzu ist der Parallelwiderstand zur Erregerwicklung, der sich bereits bei der Bekämpfung von Oberwellen im Hauptfluß vielfach bewährt hat[1]). Durch ihn kann man etwaige ganz besonders scharfe Spitzen in der Transformatorspannung wirkungsvoll abschleifen, weil er jeder plötzlichen Flußänderung entgegenarbeitet, das Eisen des Motors also magnetisch träger macht. Handelt es sich aber um das Abdämpfen einer Harmonischen von nicht sehr hoher Ordnung, so muß der Widerstand einen verhältnismäßig großen Leitwert erhalten, um noch genügend zu wirken, und macht dann unter Umständen das Eisen so träge, daß bei Schaltvorgängen Rundfeuergefahr eintreten kann. Diese Gefahr dürfte jedoch wegen der Kompensationswicklung nur sehr gering sein, so daß man in den meisten Fällen mit einer guten Wirkung des Parallelwiderstandes rechnen darf. Im Prüffeld hat er sich jedenfalls schon oft bestens bewährt.

Weiterhin kann auch eine Drosselspule, die der Erregerwicklung parallel geschaltet wird, eine Verbesserung bringen. Da die Erregerwicklung nämlich einen fast rein induktiven Widerstand darstellt, kann die Drosselspule, falls man alle Größen zeitlich rein sinusförmig annimmt, keinerlei Phasenverschiebungen o. dgl., sondern nur eine Schwächung

---

[1]) Lit.-Verz. 6, S. 126. — Lit.-Verz. 14.

der Erregung bewirken, so daß man durch sie genau dasselbe erreicht wie durch eine Verringerung der Anzahl der Erregerwindungen oder durch eine Verkleinerung des Luftspaltes. Beachtet man aber, daß hier nicht mit sinusförmigen Kurven zu rechnen ist, so liegen die Zusammenhänge nicht mehr so einfach: Die Momentanwerte von Erregerwicklungs- und Drosselspulenstrom sind nämlich einander nur dann während des ganzen Verlaufes der Periode proportional, wenn auch die magnetischen Flüsse in Drosselspule und Motor in jedem Moment einander proportional bleiben, d. h. wenn der Verlauf der Gleichstrom-Magnetisierungskurve in Motor und Drosselspule der gleiche ist. Eine gewöhnliche Drosselspule enthält jedoch im allgemeinen nur winzige Luftspalte, hat also eine viel schärfer gekrümmte Magnetisierungskurve als der Motor. Schaltet man sie parallel zur Erregerwicklung, so muß sie einen stark verzerrten Strom von sehr spitzer Kurvenform aufnehmen und damit den Erregerstrom des Motors der Sinuslinie ähnlicher machen. Erzielt soll aber ein sinusförmiger Hauptpolfluß werden, und dieser läßt sich nur durch einen möglichst spitzen, also nicht sinusförmigen Erregerstrom erreichen. Eine gewöhnliche Drosselspule wirkt also einerseits zwar günstig, weil sie die Erregung schwächt, anderseits aber beeinflußt sie die zeitliche Kurvenform des magnetischen Flusses und damit der Transformatorspannung gerade in ungünstigem Sinne. Sie wird also unter Umständen überhaupt keine Verbesserung bringen.

Daraus geht bereits hervor, wie eine Drosselspule zu bauen ist, welche nicht nur die Erregung schwächt, sondern auch gleichzeitig die Kurvenform des Erregerstroms in erwünschtem Sinne beeinflußt: Ihre Gleichstrommagnetisierungskurve muß nämlich flacher als die des Motors verlaufen, am besten überhaupt ganz geradlinig sein. Hier wird also eine Verbesserung gerade dadurch bewirkt, daß man die Abweichung von der Sinusform beim Strom künstlich vergrößert.

Diesen Weg kann man noch weiter verfolgen. Es lassen sich z. B. Drosselspulen mit magnetischem Nebenschluß bauen, die nicht nur eine geradlinige Magnetisierungskurve, sondern sogar eine nach oben gekrümmte besitzen. Im Notfalle mögen solche Anordnungen Berechtigung haben, für eine allgemeinere Verwendung dürften sie jedoch zu umständlich sein.

Für den praktischen Gebrauch ist wohl vor allem der Parallelwiderstand und die Drosselspule geeignet. Benutzt man beide gleichzeitig, was ja durchaus möglich ist, so kann man diese Anordnung auch als Transformator betrachten, der in Sparschaltung ausgeführt ist, und der durch einen Ohmschen Widerstand belastet wird. Man sieht ohne weiteres ein, daß es elektrisch vollkommen gleichgültig ist, wie man den Transformator ausführt und wie man ihn belastet, wenn man nur dafür sorgt, daß er auf der Sekundärseite mit möglichst gutem Leistungsfaktor arbeitet. Es kommt überhaupt nur auf die zeitliche

Kurvenform des Stromes an, der durch die parallel zur Erregerwicklung liegenden Einrichtungen fließt. Deshalb kann man auch hierzu Motoren in irgendeiner geeigneten Schaltung verwenden, die gleichzeitig für die Lüftung oder andere Zwecke nutzbar gemacht werden können. Ein kleiner, möglichst induktionsloser Widerstand, den man direkt der Erregerwicklung parallel schaltet, wird aber außer den anderen Hilfsmitteln zweckmäßig in allen Fällen vorzusehen sein, weil er das einfachste und dabei heute billigste Mittel darstellt, um die Harmonischen von ganz hoher Ordnung, die ja stets für die Stromwendung die gefährlichsten sind, im Hauptpolfluß abzudämpfen. Es dürfte zwecklos sein, auf die unendlich große Zahl der Möglichkeiten, durch irgendwelche zur Erregerwicklung parallel geschalteten Einrichtungen das Verhalten des Motors zu verbessern, noch weiter einzugehen, da doch alle nur Abwandlungen desselben Gedankens sind.

Besitzt der Motor keine ausgeprägte Erregerwicklung, so müssen die Widerstände, Drosselspulen usw. derjenigen Wicklung parallel geschaltet werden, die zur Flußerregung mit herangezogen wird. Auch in diesen Fällen, die selbstverständlich immer einer besonderen Untersuchung bedürfen, hat sich im Prüffeld vor allem der Ohmsche Widerstand bestens bewährt.

Da die Fülle der Möglichkeiten, im Eisen zu hoch beanspruchte Maschinen noch nachträglich zu verbessern, sehr groß ist, wird man oft den Wunsch haben, vorhandene, etwa nicht ganz befriedigend arbeitende Maschinen daraufhin zu untersuchen, ob die Ausnutzung des Eisens tatsächlich zu weit getrieben wurde, oder ob andere Fehler vorliegen. Die oszillographische Aufnahme der Transformatorspannung selbst macht bekanntlich Schwierigkeiten, wenn der Motor nicht eine eigens zu diesem Zweck um den Hauptpol gelegte Meßwindung besitzt. Nimmt man die Spannung an den Enden der Erregerwicklung auf, so stören die darin enthaltenen Spannungsabfälle, die der Strom verursacht, das ganze Bild etwas, aber man erhält doch auch bei ganz großen Effektivströmen noch einigermaßen brauchbare Werte. Die magnetischen Verhältnisse der Maschine kann man auch ganz gut nach einem, bei möglichst großem Strom aufgenommenen Oszillogramm des Wertes $\frac{di}{dt}$ abschätzen, aus dessen Form man Lage und Schärfe der Krümmung des Knies der Magnetisierungskurve ermitteln kann, wie oben gezeigt wurde.

Die Gleichstrommagnetisierungskurve selbst kann man nur im Prüffeld nachmessen. Dagegen läßt sich die Wechselstrom-Magnetisierungskurve auch in der Lokomotive selbst ohne große Vorbereitungen aufnehmen: Man bremst das Fahrzeug fest und legt den Motor mittels der normalen Steuerung an verschiedene Spannungen. Mißt man dabei die bei jeder Spannung auftretenden Werte von Strom und Leistungsfaktor, so kann man daraus die Wechselstrommagnetisierungskurve leicht errechnen. Das Ergebnis ist aber wieder nicht genau, weil vor allem die Kurzschlußströme, die ja bei Stillstand sehr groß sind, bei den höchsten Belastungen, auf die es hier ganz besonders ankommt, die Messung in hohem Maße stören. Besitzt der Motor jedoch eine ausgeprägte Erregerwicklung, so kann man die Bürsten abheben und allein die Erregerwicklung mit Strom speisen: Dann gelingt die Messung nahezu einwandfrei. Hat man die Wechselstrom-Magnetisierungskurve einmal gewonnen, so ist es an Hand eines nach Abb. 24 aufgestellten Diagramms leicht, sich ein Bild von den Vorgängen in der Maschine zu machen und danach zu entscheiden, ob durch Ändern des Luftspaltes oder der Erregung, oder auch durch Parallelschalten irgendeiner Zusatzeinrichtung zur Erregerwicklung eine Verbesserung zu erwarten ist.

Schluß.

Die in der Wechselstromtechnik heute allgemein übliche Annahme, sämtliche elektrischen und magnetischen Größen besäßen einen sinusförmigen zeitlichen Verlauf, führt bei der Berechnung des Einphasen-Reihenschlußmotors zu Ergebnissen, die sich nicht durchweg mit dem wirklichen Verhalten dieser Maschine decken. Es wurde deshalb notwendig, ein neues Berechnungsverfahren zu suchen, das auf die alte Voraussetzung vollständig verzichtete. Dabei ergaben sich einige Schwierigkeiten, die aber durch Anwendung eines graphischen Integrationsverfahrens überwunden werden konnten. Die Ergebnisse des neuen Berechnungsverfahrens entsprachen besser den praktischen Erfahrungen und ermöglichten die zwanglose Erklärung mancher längst beobachteten Erscheinung. Weiterhin lieferten sie wertvolle Fingerzeige, innerhalb welcher Grenzen die alten, weit einfacheren Berechnungsverfahren noch brauchbar bleiben, welche Gesichtspunkte beim Entwurf neuer Motoren besonders zu beachten sind, und welche Möglichkeiten bestehen, nicht befriedigend arbeitende Maschinen noch nachträglich zu verbessern. Es erscheint nicht ausgeschlossen, daß das gleiche oder ein ähnliches Berechnungsverfahren auch bei anderen Wechselstrommaschinen gute Dienste leisten kann.

4*